……语文无障碍阅读丛书……

名师导读

《昆虫记》

[法]让·亨利·法布尔◎著　张雨彤◎编译

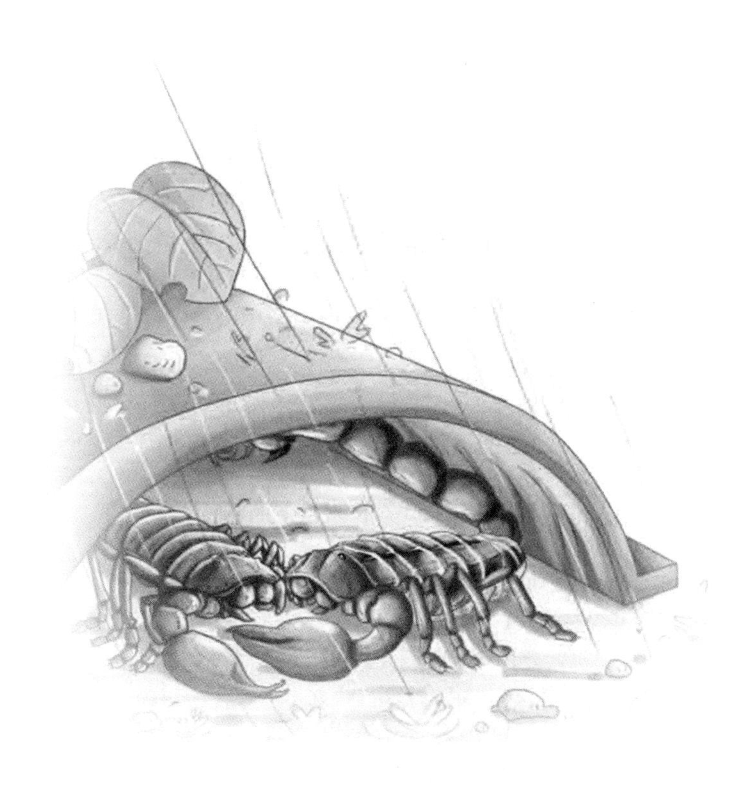

上海科学技术文献出版社
Shanghai Scientific and Technological Literature Press

图书在版编目(CIP)数据

名师导读《昆虫记》/(法)让·亨利·法布尔著;张雨彤编译. —上海:上海科学技术文献出版社,2022
(语文无障碍阅读丛书)
ISBN 978-7-5439-8613-8

Ⅰ. ①名… Ⅱ. ①让… ②张… Ⅲ. ①昆虫学—青少年读物 Ⅳ. ①Q96-49

中国版本图书馆CIP数据核字(2022)第133638号

组稿编辑:张　树
责任编辑:王　珺　罗毅峰

名师导读《昆虫记》

(法)让·亨利·法布尔著　张雨彤编译

*

上海科学技术文献出版社出版发行
(上海市长乐路746号　邮政编码200040)
全国新华书店经销
四川省南方印务有限公司印刷

*

开本650×900　1/16　印张13　字数260 000
2023年1月第1版　2023年1月第1次印刷
ISBN 978-7-5439-8613-8
定价:58.00元
http://www.sstlp.com

名师推荐

推荐寄语：

好书必然是能启迪人性和给人以精神滋养的。因此，我们特别关注每一本名著中所传递的宝贵人生经验和成长智慧。希望本书能成为同学们喜爱阅读、乐于接受、可资引用的课外读物，能够给你带去知识和智慧，成为你的良师益友。

语文无障碍阅读丛书专家团队

翟民安 学者，教授，汉语言文学家。北京大学、北京师范大学教授，中国现代语言学奠基人王力得意弟子。

洪烛 作家，中国作家协会会员，中国文联出版社文学编辑室主任，获“冰心散文奖”等各类大奖。

苏伟 作家，评论家，中国人民大学现当代文学博士研究生。《散文世界》执行主编。

宰艳红 资深编辑、出版人，文学硕士，人民出版社编辑，中国作家协会重点联系网络作家。

聂沛 作家，研究员。中国作家协会会员，衡阳市作协副主席。作品《手握一滴水》为2012年高考作文题。

简墨 作家，学者。中国作家协会会员，济南市作协副主席，获“冰心散文奖”等各类大奖。

施晗 作家，出版人。《青年文学家》执行主编，与韩寒、郭敬明等入选“中国80后年度实力排行榜”。

许文舟 作家，中国作家协会会员，临沧市作协理事。有作品入编《大学语文》，获“孙犁散文奖”等多种奖项。

张恩勇 全国研究型校长，北京市优秀教育工作者，高考语文命题研究专家，北京昭熠学校校长，全国优秀语文教师。

章学锋 作家，学者。全国高考语文科陕西省阅卷点写作阅卷教师，《西安晚报》高级记者。获“冰心散文奖”等多种大奖。

贾红亚 濮阳市骨干教师，濮阳县教师进修学校高级讲师。国家级优秀辅导教师。河南省首届语文教改之星。

厉艳萍 河北省三河市第一中学语文教研组组长，高级教师，三河市骨干教师。参编教育部《全日制普通高中语文课程标准》等。

刘季宏 高级语文教师，北京市优秀教育工作者。北京师范大学语文教育硕士、北京师范大学个性化教育品牌教师。

丛路平 北京市丰台区骨干教师，首都师范大学附属丽泽中学语文教师。从事语文教学工作21年，论文获国家级、省市级奖项。

魏佑湖 中国作家交流协会会员。中学一级教师，学术成果入编《中国当代学者辞典》。

语文无障碍阅读丛书专家团队

杨慧 高级讲师，研究员。国家级重点中学辽宁省葫芦岛市锦西工业学校教师，中华语文网“语文名师”。

王卫东 北京市八一中学语文高级教师，语文教研组组长，海淀区语文学科带头人和语文学科骨干教师。

杨勇 北京市十一学校教师，北京市优秀教师。著有《北京艺考生语文教材》等。

王玉梅 北京师范大学密云实验中学教师。1993年毕业于首都师范大学中文系，有多年毕业班教学经验，论文多次获奖。

杨岁虎 中学高级教师，甘肃省骨干教师，甘肃省甘谷县第三中学教师。发表教育学相关文章百余篇，主编参编中学教辅图书八十多部。

孙珂 北京市科迪实验中学教师，语文学科带头人，教研组组长。所带学生中每年均有人考入清华大学、北京大学等名校。

夏翠丽 北京师范大学毕业，全国语文名师工作室秘书长，北京昭熠学校副校长。首次提出并建设“张恩勇高分语文”体系。

陈文海 专栏作家，扬州市仙女镇中心小学高级教师，中国微型小说学会会员。课堂教学曾荣获扬州市一等奖，全国二等奖。

薛暮冬 教育学硕士，滁州实验中学语文教研组组长。安徽省语文学科带头人，政协委员，省教育学会专业委员会委员。

刘解军 高级教师，北京市杨镇第一中学教师。任中国青少年写作研究会、全国中学文学社团研究会秘书长等职。

牛国昌 中学高级教师，河北省优秀教师，河北无极中学语文教师。多次获得省市县级模范工作者、优秀班主任等荣誉。

曹裔 原名曹可智，陕西省山阳县漫川中学语文高级教师。多篇作品被中小学语文教学材料和考试试题选用。获“中国散文精英奖”等。

许瑞堂 北京市八一中学语文教师。三十多年教龄，教学经验丰富，倡导快乐阅读，轻松写作。

汤会娥 陕西省姚安中学语文教师。陕西省“教学能手”、陕西省“教改先进个人”。

胡西奎 安徽省淮南市第一中学语文教师。参与编写安徽科技出版社出版的语文课外阅读类图书。

语文无障碍阅读丛书

每一本名著都是最好的教科书

语文无障碍阅读丛书：扫除阅读障碍，在有限的时间里阅读更多的内容，充分享受读书带来的乐趣。

无障碍阅读既避免同学们在阅读中频繁翻阅工具书之苦，又避免一知半解与认错字的尴尬，还可以使同学们从中学到更多的知识，是一举多得的阅读模式。

名师导航：认识作者，体会创作背景，了解作品主要内容，赏析人物形象，分析作品艺术特色，帮读者全方位把握作品。

名师导航

作品提要
作者简介
艺术特色
昆虫介绍

作品提要

《昆虫记》不仅是一部研究昆虫的科学巨著，也是一部讴歌生命的宏伟诗篇，作者法布尔被当时法国和国际学术界誉为"动物心理学的创始人"，文学界尊称他为"昆虫世界的维吉尔"。

名师导读：富有启发性的语言，将"读"与"思"相结合，激发读者阅读兴趣，引导自主阅读。

盛夏季节，大街小巷，林间小路，凡是有树木的地方就一定能够听到蝉叫声。

我的朋友用他所熟悉的普罗旺斯方言，为蝉平反了，寓言的污蔑也就成为笑话。

咬文嚼字
污蔑：①诬蔑。②玷污。

这个一分半米的土柱子比它刚才离开的那个地洞高三倍，虽然土质一样，但地面的土要比试管的土硬许多。被我埋在那短小管状的土柱子里的幼虫能否重新爬出来呢？一旦它努力，肯定能爬出来。对于身经百战的幼虫来说，一个并不坚固的土堡垒会成为困难吗？

名师指津
利用这个反问句，作者让读者相信幼虫一定能够从土柱里爬出来。

咬文嚼字：将文章中的难认字词标注拼音并进行释疑，减轻同学们屡翻字典的烦恼，避免同学们对文章误解或一知半解，破除阅读障碍。

重点词语：窗户：window [ˈwɪndəʊ]；
手术：operation [ɒpəˈreɪʃn]
相关词组：汽车窗户：car window；
动手术：have an operation

名师指津：评点重要语句，品味精彩语言，剖析艺术特色，感受人物形象，扫除阅读障碍，全方位剖析阅读内容，提高阅读能力。

英语学习馆：根据名著内容配备"英语学习馆"栏目，通过重点词语、相关词组，同步提升同学们的英语学习水平。

资深教育专家权威解读
百位优秀教师精心批注

名师点拨： 对本章主题、整体结构、写作手法等进行深入分析，帮读者把握篇章主旨，理解文章内容、情感、艺术特色，让同学们真正掌握写作方法与技巧，提高阅读与写作能力。

拓展阅读

名师点拨

蝉的一生都在辛苦地忙碌着，从幼虫到成虫，不仅要用勤劳完成艰难的挖掘工作，还要努力地为蜕变作准备。

学习要点

设问： 是一种常见的修辞手法，常用于表示强调作用。为了强调某部分内容，故意先提出问题，明知故问，自问自答。正确的运用设问，能突出某些内容，使文章起波澜，有变化。

学习要点： 有针对性地解析本章中的知识点，深度剖析写作技巧，掌握最基本的语文学习方法，帮助同学们快速找到语文提分的法宝。

写作借鉴

好词

泰然处之　以备不测　果不其然　功亏一篑　囫囵吞枣

好句

·蝉的幼虫可以自由地从地面钻到洞底，从洞底钻到地面。而它锋利带爪的脚却没有引起塌方、堵塞通道，使它上不能、下不得。

写作借鉴： 荟萃文章中好词、好句，增加同学们的写作词汇量，为提高同学们的写作水平打下坚实的基础。

知识链接

昆虫之最

最大的蛾——皇蛾

皇蛾一般生活在东南亚地区，它的翼面有四百平方厘米之广，翼展可达三十厘米。

知识链接： 链接作品相关文化常识，帮助同学们开拓视野，积累写作素材，提高读写能力。

必考点自测

一、填空题

1.《昆虫记》的作者______是______国作家，被世人称为昆虫界的______，昆虫界的____________。（2013年北京市中考模拟卷）

必考点自测： 紧扣新课标教学要求，精选历年考试真题与最新全真模拟题，帮助学生复习备考，提高考试成绩。

序

在这个信息高速发展的时代，在这个因浮躁而充斥“浅阅读”的环境里，易于接受新事物的青少年们，对阅读的认识，正发生着根本性的变化：“体验式阅读”“快餐式阅读”“图片式阅读”等阅读方式正在潜移默化地改变着他们。

我们经常会听到这样的话：“妈妈，别再给我买这些没用的书了，给我买个 iPad 就足够了，用起来既方便又快速。再说了，现在是高科技时代，我才不要看那些纸质书呢。”听到孩子们的诉求，大多数父母下意识地就遂了孩子的愿，放下手中原本选定的图书。如此可见，孩子们真正的书本阅读退化到了何种程度！

中国是一个出版大国，但我们的人均购书量只有发达国家的十几分之一，更别说阅读了。如何进一步激发和扩大阅读兴趣，不仅事关中国能否由出版大国向出版强国转变，更关系到全民族的文化素养。毕竟，只有爱读书的民族才有光明的未来。有人说中国人现在已经进入“笨蛋时代”：没有常识的谣言，仍有人信；长生不老的药方，还是有人买。“人傻钱多”的歪理也开始成为当下很多人的正解，这与我们从前提倡的“知识就是力量”背道而驰。如何让青少年在正确认识自我的前提下，学习优良的文化知识，能够有效地深层次地阅读优秀的图书作品成为一个重要的课题。

由资深教育专家和中小学骨干教师共同完成，编辑出版的“语文无障碍阅读丛书”就是一套很适合中小学生阅读的经典课外读物。全书遵循从“基础”到“拓展”的原则，体现层级深入的理念，展现精神成长的过程，关注阅读对青少年的精神塑造及人生成长的影响，将素质培养作为本书的核心编辑理念。本丛书所选内容篇目或为教育部颁布的必读书目，或为中小学生喜闻乐见的、各地考试试题中常见的世界文学名著。在丛书体例设置上，编辑团队对每本书从内容到形式都进行了独到的评析、介绍，用通俗明快的语言文字，将学术性、知识性的内容，通过浅显易懂的形式表达出来。

文学成果是文明成果中不可或缺的组成部分。重大文学现象和优秀文学作品，并不会随着这个时代的远去而成为过去。它们蕴含着客观的真理和历史的启迪、永恒的价值和永久的魅力。歌德说：“道不尽的莎士比亚。”别林斯基说：“普希金是要在社会的自觉中继续发展下去的那些永远活着和运动着的现象之一。”这无异于说，一部优秀文学作品的生命总是处在历史的永久运动之中，并且总是和人们的生活密不可分。因此，培养广大青少年对文学的爱好和阅读，了解作品的主要内涵，提高文学修养，应当是一门必修课。

开放的中国正在走向世界。走向世界的中国需要具有世界意识的建设者。青少年朋友们，希望这套“语文无障碍阅读丛书”能够成为你们奔向未来的一份精神食粮。

丛书编写组

本书文学地位

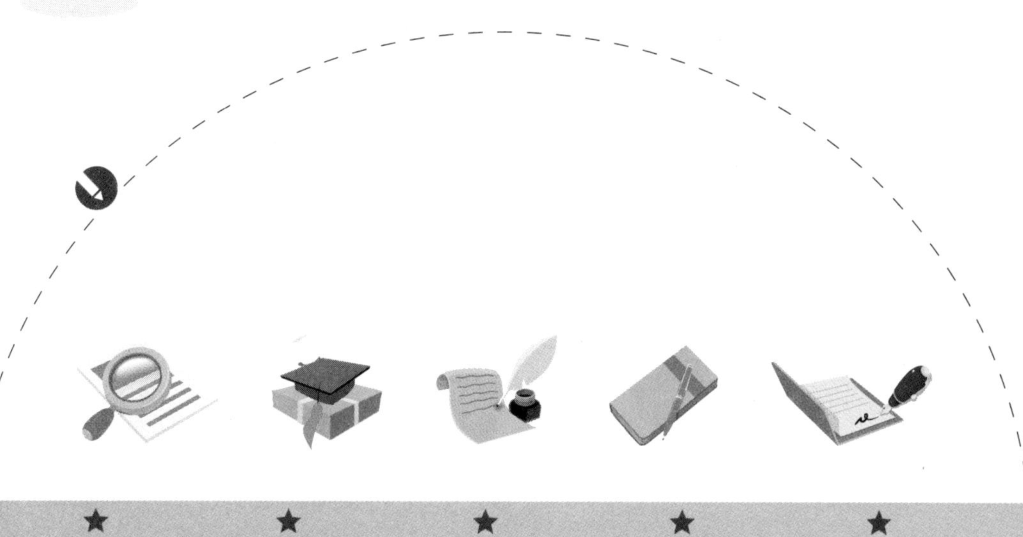

★ 1

《昆虫记》使我熟悉了法布尔这位感情细腻、思想深刻的天才，这个大科学家像哲学家一般地想，美术家一般地看，文学家一般地写。《昆虫记》使我度过了无限美好的时光。

——法国剧作家　罗斯丹

★ 2

它熔作者毕生研究成果和人生感悟于一炉，以人性观察虫性，将昆虫世界化作供人类获得知识、趣味、美感和思想的美文。

——中国杰出的文学大师　巴金

★ 3

《昆虫记》不愧为“昆虫的史诗”，法布尔则不愧为“昆虫的荷马”。

——法国浪漫主义作家　雨果

★ 4

在这些天才式的观察中，融合热情与毅力，简直就是伟大的杰作，令人感动不已。

——法国思想家　罗曼·罗兰

★ 5

比看那些无聊的小说、戏剧更有趣味，更有意义。

——中国现代著名散文家　周作人

名师导航

作品提要
作者简介
艺术特色
昆虫介绍

作品提要

《昆虫记》不仅是一部研究昆虫的科学巨著，也是一部讴歌生命的宏伟诗篇，作者法布尔被当时法国和国际学术界誉为“动物心理学的创始人”，文学界尊称他为“昆虫世界的维吉尔”。法布尔以毕生的时间与精力，通过仔细观察，在书中生动地描绘了多种昆虫——“歌唱家”蝉、犹如杀手一样的螳螂、“音乐家”蟋蟀、勤劳的隧蜂、美丽的大孔雀蝶、固执的圣甲虫等的生活，真实地记录了昆虫的本能、习性、劳动、婚姻、繁衍和死亡，渗透了作者对人类的思考，睿智的哲学思想跃然纸上。

《昆虫记》又名《昆虫物语》《昆虫学札记》，共十大册，每册包含若干章，每章详细、深刻地描绘一种或几种昆虫的生活，以人性观察虫性，娓娓道来，字里行间洋溢着法布尔对生命的尊重与热爱。《昆虫记》行文生动活泼，语调轻松诙谐，充满了盎然的情趣。《昆虫记》的问世被看作动物心理学的诞生，它将昆虫世界化作供人类获得知识、趣味、美感和思想的美文，使读者体会到法布尔与昆虫交朋友的欢快，从而领略昆虫们的日常生活的习性与特征。

本书精选的昆虫小记包括蝉和蚂蚁、灰蝗虫、大孔雀蝶、圣甲虫、隧蜂、朗格多克蝎等。作者通过一系列昆虫的生活习性、交配繁殖的描写，从更深层次角度赞扬了昆虫不怕吃苦、坚韧不拔的精神，也诠释了自己对人生的感悟。

在蝉和蚂蚁的描写中，作者用诗歌表达了蝉的勤劳和蚂蚁的无情以及贪婪，进而通过形象生动的描写叙述了蝉的幼虫是如何挖掘洞穴，体现了幼虫的智慧；而从幼虫发育到成虫，蝉经历了诸多磨难。在文章中，我们看到了蝉的勇敢与勤劳，还有那种人类要学习的牺牲精神。

在朗格多克蝎中，作者用拟人的修辞手法生动地阐述了它们求偶与交配的过程，全文将血腥而残酷的场面表现得那么温馨、浪漫，使读者不得不相信昆虫的世界也有浪漫的生活，同时作者在温馨的描写中为我们诠释了人生的哲理。

……

《昆虫记》的确是一个不折不扣的奇迹，是由人类与自然界中的昆虫，共同谱写的一部生命的乐章，一部永远解读不尽的书。这样一个奇迹，在地球即将迎来生态学时代的关键时刻，也许会为我们提供更珍贵的启示。

作者简介

让·亨利·卡西米尔·法布尔（1823~1915年），法国著名昆虫学家、动物行为学家、文学家，被世人称为“昆虫界的荷马”。

法布尔于1823年出生在法国南部圣莱昂的一户农家。出生后，他一直跟着祖父母生活了7年。在那段时光里，他终日与乡间的蝴蝶、蝈蝈等昆虫为伴。正是这段时光影响了他一生，并为他以后的著作打下了坚实基础。

法布尔15岁考入师范学校，毕业后谋得初中数学教师的职位。一次带学生上户外几何课，他忽然在石块上发现了垒筑蜂和蜂窝，被城市生活禁锢了多年的“虫心”突然焕发。他花了一个月的工资，买到一本昆虫学著作，立志做一名为虫子写历史的人。

1857年，他发表了名为《节腹泥蜂习性观察记》的论文，文中对当时的知名昆虫学祖师莱昂·杜福尔的错误观点进行了修订，因此受到法兰西研究院的赞赏，并被授予实验生理学奖。

1859年，法布尔一家定居在奥朗日，在这里住了十多年。在此期间，他完成了后来长达十卷的《昆虫记》中的第一卷。

1879年，法布尔买下了塞利尼昂的荒石园，逝世前，他就一直居住在这里。这是一块荒芜的不毛之地，却是昆虫的天堂。在这里，除了居住的房屋外，还有法布尔的书房、工作室、实验室。在这里，他可以安静地去观察那些昆虫，没有人会打扰他的清净；在这里，他全身心地投入到了各种观察与实验中。可以说，这里是他一直以来梦寐以求的地方。就是在这里，法布尔一边观察、实验，一边整理他之前研究昆虫的观察笔记、实验记录和科学札记，最终完成了《昆虫记》的后九卷。现在，这片法布尔的天地已经成为博物馆，静静地坐落在有着浓郁普罗旺斯风情的植物园中。

法国文学界曾以“昆虫世界的维吉尔”的称号，推荐他为诺贝尔文学奖候选人。然而，诺贝尔奖委员们还没来得及作最后决议，这位歌颂昆虫的大诗人就去世了，时年 92 岁。尽管他没有得到诺贝尔奖，但是他从昆虫世界里得到的东西远远比诺贝尔奖要丰富。

艺术特色

《昆虫记》既是科普著作，同时也是文学经典，全文故事生动活泼，语调轻松诙谐，充满了盎然的情趣。在书中，作者法布尔将专业知识与人生感悟熔于一炉，娓娓道来，在对种种昆虫及其日常生活习性、特征的描述中体现出了他对生活世事的独特观察眼光。本书的问世被看作动物心理学的诞生。

从写作的形式上来看，《昆虫记》是用散文的形式著成的一部昆虫学回忆录。该书以人文精神统领自然科学的庞杂实据，将虫性和人性交融，使昆虫世界成为人类获得知识、趣味、美感和思想的文学形态，将区区小虫的话题书写成了具有全方位价值的巨制鸿篇。这并非刻意写就，而是作者自得其乐地观察与写作的成果。作者在文中详细描述了各种昆虫日常生活的习性、特征等。他留下的观察记录是不变的，但给读者的思索却是灵活可变的，他没有强迫他人接受自己的观点，只是给读者带去了知识、趣味、美感以及思想的享受。字里行间，我们还能感受到作者对乡间生活的向往，反映出作者珍爱生命、热爱生活的真情实感。

从语言特点来看，《昆虫记》语言生动传神、描写细腻、幽默诙谐、想象独特、引人入胜；大量采用拟人手法，使文章自然、亲切，增强了可读性。例如：“你瞧瞧隧蜂肚腹背面腹尖上那最后一道腹环。它上面存在一道光滑明亮的细沟。在隧蜂处于防卫状态时，细沟便会忽上忽下地滑动。这条似出鞘兵器的滑动槽沟便可以表明它是隧蜂家族的成员之一，你无须再去辨别它的体形、体色。在针管昆虫类中，其他任何蜂类都没有这种新颖独特的滑动槽沟。”作者用贴近生活的语言向我们介绍了隧蜂的防卫工具，不仅记录贴切，而且文笔流畅、语言形象，细腻、生动地表现出了动物的特点。

阅读这本书，需要有一颗宁静的心灵，在宁静的时间进入奇妙的昆虫世界，迎接你的就是圣甲虫、蝉、灰蝗虫、隧蜂、郎格多克蝎等等众多的昆虫家族成员。《昆虫记》不仅是一部研究昆虫的科学巨著，同时也是一部讴歌生命的宏伟诗篇。阅读《昆虫记》，你会被法布尔对生命的敬畏之情深深感动，不自觉地追问和思考生命，学会尊重生命，去发现和感受生命之美。

昆虫介绍

蝉

蝉的幼虫是位出色的“工程师“，它利用尿液法宝将自己的洞穴修筑得坚实而畅通无阻。它要在自己修筑的洞穴内生活居住 4 年，而且这个洞穴不仅仅是居住的房间，还是气象观测站，它通过洞口那一指薄土来判断外边的天气状况。等待时机合适，它就会从黑暗中摆脱，一跃成为成虫，在酷热的夏天开始高亢地歌唱。

灰蝗虫

灰蝗虫是整个蝗虫家族中的巨人，有着一指长的身体，能做一手精巧细致的活儿——蜕皮。与蝉和螯虾这样的蜕皮高手相比，灰蝗虫更胜一筹，它蜕皮时更细腻、更精准、更完美，甚至看来有些荒诞。旧外壳裂开了，背部拱出来了，触须钻出来了，头抽出来了，腿部挣脱出来了，鞘翅和翅膀坚硬起来了……所有人认为是不可能的事，可它偏偏开了个玩笑，嘲弄我们。

圣甲虫

圣甲虫是一种受人尊崇的昆虫，只要有动物粪便的地方，就会有它们勤劳的身影。可以说它们对我们的美好环境贡献了自己最大的力量。一只圣甲虫可以滚动一个比它身体大得多的粪球，同时粪球也是它们产卵的地方；小圣甲虫出生后又开始投入伟大的环保工作中。

郎格多克蝎

郎格多克蝎尾端有一个六节体，表面光滑，呈泡状，是制作并储存毒汁的小葫芦。蝎的毒性极强，毒腔终端是一个弯弯的螯针，色暗，尖利。针尖上有一个小细孔，毒液就是从这里流到被蛰方身体中去的。因此它们在求偶与交配的时候都要非常小心，而且交尾以后，雄蝎就会成为雌蝎的美食。

大孔雀蝶

大孔雀蝶是欧洲最大、最美丽的蝴蝶，名满天下。终其一生，大孔雀蝶为“结婚”这唯一的生存目标而忙碌，并因此还具有了一种特别的天赋：能够长途跋涉，飞越一切阻碍，找到自己的心上人。为了结婚，它们在仅有的几个夜晚里，不吃不喝，想方设法地寻找爱人，与之谈情说爱，直到进入婚礼的殿堂；如果不成，则忧郁寡欢，长眠而终。

隧蜂

隧蜂勤劳、憨厚，但也愚昧。辛辛苦苦劳动得来的食物被小飞虫偷食了，它不在乎；小飞虫的幼虫产在自己的储藏室，它不在乎；小飞虫的幼虫抢夺了宝宝的食物，它不在乎；宝宝们全都没有了，它不在乎；与凶手相遇，它没有仇恨……它总是忙着采蜜，做着甜面包。

目录

MU LU

蝉和蚂蚁

盛夏季节，大街小巷，林间小路，凡是有树木的地方就一定能够听到蝉叫声。蝉是夏天最容易见到的一种昆虫，我们会嫌它吵，但有谁能知道蝉的生命就是它高声歌唱的那段时间呢?

一

炎热让人们无处可躲!

可这正是蝉的天地，

它如痴如狂，歌声嘹亮。

七月如火，也是收获的时节，收割忙碌。

麦穗翻滚，如波如浪，

勤劳的人们弯腰弓背，辛勤劳动；
他们口干舌燥，不再歌唱。

蝉啊！现在正是你的好时间啊，
伶俐可爱的蝉，
请你大声歌唱吧！
煽动你的翅膀，
扭动你的躯体，擦亮你的乐器。

这时的农夫挥舞镰刀割下麦穗，
麦浪中闪耀着刀光。
装满了浇石水的罐子啊，罐口塞着草，
挂在农夫的腰间。
凉爽的木盒中静静地躺着磨刀石，
水不断地滋润着，
农夫却在烈日下挥汗如雨，
那骨髓都快要被晒沸了。

蝉儿啊，泉水即可成为你的甘甜饮料；
你用尖嘴戳进树皮，
挖掘一眼甘甜的水井。

泉水源源流淌，

你美美地吮吸享受。

啊！美好的时光往往太过短暂！

环顾左右皆是强盗，

还有那些游手好闲的流浪儿，

都发现了你掘了一口甘井。

它们干渴难耐，痛苦地蜂拥而来，

想要分享你的一点甜浆。

小心点儿，我的小蝉儿。

这群饥渴难耐的盗贼，

先是彬彬有礼，

转眼就会变为无耻暴徒。

它们不甘于只是润润嘴唇，

更不满足于你的残羹剩饭，

它们高昂着头，想要占有全部。

它们将会得偿所愿。

它们似钩一样的爪子，肆无忌惮地摆弄你的翅膀。

在你宽阔的后背上，

不停地爬来爬去，

名师指津

“强盗”、“流浪儿”都是运用了拟人的修辞手法，“强盗”指的是伺机抢夺蝉劳动成果的昆虫，“流浪儿”一般指巡逻蚁，它们不懂得用自己的劳动来获得食物，整天只想着掠夺和占有。文中的这几句话起到了对比的作用，在凸显出蝉的勤劳的同时，也揭露了强盗、流浪儿的无赖、可耻的行为。

挠你的嘴，拽你的角，撕你的脚趾。

他们把你撕扯，使你发怒并惆怅。

你向这帮强盗喷去一泡尿，

喷向这群强盗，然后离开树枝。

可你的甜水井被抢占，无赖们尽情欢畅，狂笑不止，

舔着沾满蜜浆的嘴唇。

在烈日炎炎中，在你的井边，

苍蝇、大胡蜂、胡蜂、金龟子……

各种骗子和无赖不知疲倦拼命喝水。

而最无赖、最过分、最可恨的是蚂蚁，

它一心要把你赶走。

它踩你的脚趾，

它挠你的脸，

它夹你的鼻子，

它钻到你的肚子里，

它还爬上你的翅膀，胆大包天地跳着舞步，

上上下下。

二

我豁然发现，

老人们讲的那个故事是多么不可信啊！

他们说，

冬日的一天，富裕的蚂蚁正在太阳下，

翻晒沾有露霜的麦粒，

准备装进粮袋，藏进地窖。

这时候的你，饥肠辘辘，身上发冷。

你低着头，

悄悄地，

来到蚂蚁贮粮的大地窖前。

“天寒地冻，北风凛冽，

我觅食无得，饥饿难当。

请从您小山似的粮堆中借一点给我吧，

我保证会在甜瓜成熟的时候，

一定加倍归还。”

你眼泪汪汪，等待施舍。

借你一点麦粒？

你还是走吧，

让蚂蚁借给你粮食就是痴(chī)人说梦。

那一堆堆的粮食，

你一点也不会拿到的。

“走开吧，刮碗底去吧。

你夏天唱得那么张扬，

就应该在冬天挨饿受冻！”

古老的寓言就是这样讲的，

它告诉我们就应该做个小气鬼，

紧紧看护好钱包……

让那些懒蛋去挨饿吧！

可是，寓言家实在是天马行空，

竟然说你冬天去寻找苍蝇、虫子、麦粒，

这些可都不是你的食谱啊。

麦粒！天哪，你用它来做什么？

你有你的甘泉，

你无所求。

寒冬与你无缘！你的子孙后代在地下酣眠，

咬文嚼字

天马行空：①神马在空中奔腾飞驰，多形容诗文、书法、言行等气势豪放，不受拘束。②形容说话做事不着边际。

名师指津

冬天来临，蝉的生命也就走到了尽头。蝉往往是在夏天的高歌中完成自己的繁殖任务，幼虫一旦出生，就会立刻钻入土中，依靠树根的汁液生存、发育。而作者将这一事实用诗歌的形式表达，显得更形象、生动、具体、优美。

而你也将离开人间。

你的躯体慢慢落下，生命走到了终点。

一天，蚂蚁将你当作食物，

在你空空的躯体上，

讨厌的蚂蚁相互争抢，

你的胸腔被掏空，你的躯体被撕成了碎片，

当作腌货储存，

冬日里大雪纷飞，这可是美味佳肴。

咬文嚼字

佳肴（yáo）：精美的菜肴。

三

这才是事实的真相，

与寓言所说的大相径庭。

该死的蚂蚁，你们有什么感想？

啊，市侩之徒，

尖爪利钩，挺胸腆肚，

英语学习馆

重点词语： 冬天：winter ['wɪntə(r)]；

离开：leave [liːv]

相关词组： 寒冬：hard winter；

离开家：leave home

驮着保险箱横行世上。

混账的，你们反唇相讥，

说艺术家不付出劳动，

还说蝉是懒蛋，就应该遭殃。

快不要说话了！当蝉钻透葡萄树皮，

你们却在偷吃偷喝，而它死后，

你们也不肯放手。

我的朋友用他所熟悉的普罗旺斯方言，为蝉平反了，寓言的污蔑也就成为笑话。

咬文嚼字

污蔑：①诬蔑。②玷污。

夏至快到的时候，第一批蝉出现了。在行人熙攘、被太阳炙烤、被踩得结实的小路上，都能看见一些像大拇指一样大小的孔洞，这是蝉的幼虫爬出时留下的。

只有耕过的土地没有这样的小洞。这些洞一般出现在干燥的地方，特别是在道路两边。

蝉的幼虫有非常锋利的工具，可以按需要穿透泥沙和干土，它们特别喜欢硬的地方。

阳光照在我家那面朝南的墙上，光线反射到了花园的一条甬道上，使那里极为酷热，仿佛到了塞内加尔；在这条小径上就可以发现很多蝉出洞时留下的洞口。

我六月底前去看这些被遗弃的洞穴，地面非常坚实，我要用镐 (gǎo) 才能刨 (páo) 动。不得不佩服蝉的本领。

洞口是圆的，直径大概两厘米半。四周没有发现一点儿浮土，更没有推出洞外的小土堆。

从这些很容易看出，蝉的洞不同于食粪虫这帮挖掘工的洞，因为食粪虫的洞上面堆着一个小土堆。很明显，两者采用了不一样的工作程序。食粪虫挖洞是从地面向下挖，它先挖洞口，接着往下挖洞身，然后把浮土推到地面上来，堆成小土丘。而蝉的幼虫恰恰相反，它是从地下往地面挖，最后才打开洞口；洞口是最后的一道程序，洞打开后自然不用清理浮土，因为根本就没有浮土可清理。

名师指津

这句话描写了蝉挖掘洞口的过程，很明显要比食粪虫高明得多。这也体现了作者对蝉的了解，想必作者是花费了很长时间才了解得如此详细。作者严谨的治学态度值得我们学习。

蝉的洞深约四十厘米，圆柱形，随地势变化而弯曲，但不会太偏离垂直线，因为垂直的距离是最短的。洞内是畅通无阻的，不会在洞内发现浮土。洞底是个死胡同，做成了一个敞亮的小房间，四壁光滑，没有与其他通道相连的痕迹。从洞的直径和长度来看，大约要挖出两百立方厘米的土。那这些土到哪里去了？还有，在干燥的土中挖洞，如果在钻孔的时候没有保护措施，洞身和洞底的墙壁应该是粉末状的，很容易塌方。不过，我很惊讶地发现在洞壁

上有被粉刷过的痕迹，上面涂了一层泥浆，虽然说不是很光洁，但是，泥浆将粗糙的洞壁给糊住了。因此，洞壁上的土就不会那么容易落下来了。

蝉的幼虫可以自由地从地面钻到洞底，从洞底钻到地面。而它锋利带爪的脚却没有引起塌方、堵塞通道，使它上不能、下不得。矿工使用支柱与横梁支撑坑道，地下铁路建设者用钢筋水泥加固隧道，而蝉的幼虫用泥浆粉刷墙壁，简直可以说是个出色的工程师。

如果一只幼虫正准备在附近的树枝上蜕变成蝉的时候，我不小心将它打扰，它就会在第一时间里顺着树枝向洞内爬。这就表明，蝉的地洞就算是被遗弃了，也不会被堵塞。

这个洞穴不是幼虫急于出来而草草造就的，这是一座货真价实的地下小城堡。洞内经过粉刷的墙壁很好地说明了这个洞是幼虫长期生活居住的地方。如果只是弄好一个简单的出口而没多长时间就要废弃的话，那就用不着这么费事了。它还有一个作用，即作为气象观测站，幼虫即便在洞里依旧能对洞外的天气情况一清二楚。幼虫长大后，就要往出爬，但是洞穴外面的天气如何，是否适合现在的出行，这样就需要正确判断天气状况。它往往会根据洞口

名师指津

蝉的地洞不仅可以提供居住，还可以进行气象观测，蝉的聪明和智慧可见一般，它不愧是出色的工程师。

的土层变化来判断天气的阴晴。

蝉的幼虫在几周，甚至是连续几个月的时间，都在耐心地挖土、清理通道、加固垂直的洞壁；在洞口和地表之间往往会保留一指厚的土层把自己和外界隔开。它还会花大量的精力在洞底建造一个适合居住的小房子。

幼虫会根据天气预报来决定自己的行踪。如果天气不好，它就会在屋子里休息；如果它感觉天气稍微好转的时候，它就会爬到高处，依据那薄薄的土层对外面的温度和湿度进行探测。幼虫最害怕狂风暴雨。如果它探测到天气很好的时候，它就会用它锋利的爪子将地表那层薄薄的土捅破，然后小心谨慎地钻出来。这些现象都表明，蝉的洞穴不仅是用来生活的，还是一个等候室，一个气象观测站，这可能也正是蝉粉刷墙壁的原因，它要在这个小小的屋子里打持久战。

英语学习馆

重点词语：打开：open ['əʊpən]；天气：weather ['weðə(r)]；
休息：rest [rest]

相关词组：拆开信：open the letter；
天气预报：weather forecast；
休息一下：have a rest

虽然如此，还是有几个难解的问题。首先，幼虫挖出来的那些浮土到底运到哪里去了？这么多的浮土不仅在洞外没有被发现，连洞内也丝毫不见其踪影。其次，那些土那么干燥，它是用什么办法让其变成泥浆涂在墙壁上呢？回答第一个问题，需要找一些蛀蚀木头的虫子，如天牛和吉丁等幼虫帮忙了。这种幼虫能够在树干里钻洞，会用大颚和大尖一边挖一边吃。像这样，挖出来的东西从挖洞者身体的一头经过到另一头，会被消化吸收极少量的营养成分，剩下的会随之排泄掉，在幼虫的身后留下，所以幼虫也就无法再次返回了，因为此时通道已经被完全堵塞了。不过，这种用胃或大颚进行的最后的分解，毕竟可以把一部分挖出来的东西消化吸收，这样就会给幼虫挤出一块很小的地方来，使它能够在那里面干活。只是这个地方太小了，仅仅够一个囚徒行动。

名师指津

作者在这里讲述了蛀蚀木头的虫子的一种挖洞方式，目的是想求证蝉的幼虫是否也用同样的方式挖洞。这样的写法为下文作了铺垫和对比。

蝉的幼虫是不是也是采用这样的挖掘方式呢？很显然，蝉的幼虫体内是不可能分解消化那么多的浮土的，即便是十分松软的腐殖土，幼虫也不会将其当作食物吞在肚子里。但是，随着工程的进展，幼虫会把挖出来的浮土抛到身后吗？

对于在地下要度过四年漫长生活的蝉来说，它不会一

直待在同一个洞底，因为地洞只是它爬上地面的临时住所。幼虫需要将自己的吸管从一个树根插到另一个树根汲取营养。这一点是毋庸置疑的，就是每当逃避寒冷的冬天，或是搬迁到一个更适合定居且有更加舒适的饮料供应点时，它就会另挖一条地道。至于挖动的泥土，显然是抛在身后了。它也像天牛和吉丁的幼虫一样，只需要很小的空间来行动就可以了。一些容易压缩的潮湿、松软的土在它看来就如同天牛和吉丁幼虫消化过后的木质糊糊。压缩这样的泥土还是很简单的，只要堆积起来就可以了。困难的是在干燥的土中挖掘而成的蝉洞，干燥的土是很难进行压缩的。

目前，有这样一种可能性，但还没有足够的证据来证明：幼虫在开始挖掘的时候，就将浮土放在了身后一条事先准备好却看不见的通道里了。可是，从洞的大小来看，找到能够存放如此多浮土的地方具有很大的难度，你又会对其产生怀疑，

你会问："只有具备了足够大的空间才可以储存这么多的浮土，可是在成就这个大空间时同样会产生更多的浮土，如此下去，浮土处理的问题还是得不到解决。岂不是无限循环了？"无止境的反复，何时是头？显而易见，仅靠把浮土压紧压实抛到身后来解释空间出现的问题的说法不够充分。如何处理这碍事的浮土，蝉肯定另有法宝。让我们试着揭晓这个法宝。

名师指津

作者在此运用了设问句的形式，提出了自己的假设结论；而后经过各种分析推翻之前的论述，从而引出了新的问题。这种写作手法能够使读者更好地理解作者想表达的观点，增加读者的阅读兴趣。在科普的读物中，这是一种常见的写作手法。

细心观察的话，你会发现钻出地洞的幼虫的身上总是多多少少地会带着一点干或湿的泥土。它的挖掘工具前爪尖上附有许多泥土颗粒，其余的爪子像是戴着泥手套，背部还会盖着一床很好的泥土被子。它看上去就像是下水道的清洁工。我们在想，从干燥的地方爬出怎么会在身上有这样多的污泥呢？对此，我们感觉不可思议。我们能够想到它会满身尘土，但绝对不会想到它会全身污垢。

咬文嚼字

污垢(gòu)：积在人身上或物体上的脏东西。

蝉洞的秘密逐渐随着这个线索慢慢地被探索、揭开。我挖出了一只正在专心挖掘洞穴的幼虫。很幸运的我从幼虫挖掘的过程中有了惊人的发现，蝉洞大约有大拇指那么长，没有丝毫的堵塞物，洞底有一间很好的休息室。蝉的一切工作都净收眼底。

我看见了这个勤劳的工作者所付出的一切：眼前的这

个幼虫与出洞的幼虫相比，更加苍白，大而白的眼睛似乎看不清东西，对啊，在地下又怎么会用得到眼睛呢？当幼虫出了洞，眼睛才会变得黝黑明亮，那个时候它才能看见东西。之后出现在灿烂的阳光下的蝉必定要学会寻找，有时候还会远离洞口去寻找更合适的树枝来进行蜕变。这个时候眼睛也就起到了关键性的作用。它兢兢业业辛勤劳动，在准备蜕变的期间完成视力成熟，这充分证明幼虫的上行通道不是仓促之间完成的。

咬文嚼字

兢（jīng）兢业业：小心谨慎，认真负责。

迎刃而解：比喻主要的问题解决了，其他有关的问题就可以很容易地得到解决。

此外，我发现这只苍白、盲眼的幼虫体形比成熟时大。它像是得了水肿病似的，体内全部都是液体。你用手指用力捏它时，会从它的尾部渗透出清凉的液体，弄得你手指湿漉漉的。我不清楚肠内排放出来的这种液体是尿液还是吸收液体的胃消化后的残汁。不过，为了方便我的表述，还是暂且称之为尿液吧！这个尿液就是它的法宝。幼虫在向前挖掘之前先用尿液浸湿身边的泥土，然后将泥土弄成糊状，紧贴在墙上。这个湿土很有弹性，很容易地就糊在了之前干燥的土上，并成为泥浆，渗透到粗糙的泥土缝隙里。最里层是最稀的，然后幼虫经过一层层地贴墙、挤压，这样就能留下一条十分畅通的通道了，而浮土被泥浆粉刷以后，变得更加紧密和匀称了。

这样，那让人难以理解的满身的污泥就迎刃而解了。因为它是在潮湿黏糊的泥浆中工作的啊。幼虫成熟以后，不会再过着像矿工一样干着脏、累活的日子了，但是它不会将尿袋丢弃，因为那将会变成它的秘密武器。当你想要靠近它进行观察的时候，它会毫不怠(dài)慢地向你喷洒尿液。

大家此刻都知道，无论蝉处在什么样的阶段，它都是喜欢干燥的环境，但它却是位了不起的浇灌者。然而，即使幼虫体内积满了液体，要想将整个洞内的干土弄湿也是不容易的，当蓄水池干枯的时候，又该如何再次储水呢？而储水又要去那里寻找水源？我想我将能得到答案了。我小心地挖开几个完整的洞口，发现在洞壁上有一些如铅笔粗细、麦秸管一般的生命力很强的树根须。洞口处能看见的只有很短的几毫米的树根须，而其他的部分都在周围的土里。这样的设计是一时的偶遇还是有意寻找的呢？我更赞同后一种答案，因为我总是会在我小心地挖掘地洞的时候，见到这样的根须。其实，蝉从挖洞建造洞室开始，就是先要仔细寻找到一个有新鲜的小树根的地方才开工。它让树根露出一小段，其余部分则嵌在洞壁上而不显露太多。这液汁我想也就是来自洞壁上了，只要需要幼虫从这里

重点词语： 观察：watch [wɒtʃ]；

环境：environment [ɪn'vaɪrənmənt]

相关词组： 看电视：watch television；

工作环境：working environment

英语学习馆

达到补充自己尿袋的目的。一旦在和泥时将尿液用完，它就会回到自己的小屋将吸管插入根须以吸取足够的水。灌满尿袋之后，它再次爬回去，继续将硬土弄湿，再用爪子将泥浆拍实、压紧、磨平，糊在洞壁上，于是畅通无阻的通道便形成了。情况大致就是如此。因为不能到洞底去，所以不能直接观察到，但是这一结论通过了逻辑推理等多种情况的证实。

假设没有根须这泉水眼，同时幼虫体内的蓄水池也无水了，那时的情况会是怎样呢？下面的实验会让我们知道。我抓到了一只从洞底向上爬的幼虫，用试管将它装起来，将它放在底部，再将试管填满松软的干土，将它埋在土里了。这个一分半米的土柱子比它刚才离开的那个地洞高三倍，虽然土质一样，但地面的土要比试管的土硬许多。被我埋在那短小管状的土柱子里的幼虫能否重新爬出来呢？一旦它努力，肯定能爬出来。对于身经百战的幼虫来说，一个并不坚固的土堡垒会成为困难吗？

名师指津

利用这个反问句，作者让读者相信幼虫一定能够从土柱里爬出来。

可我还是有点担心。为了推倒将它与外界隔开的屏障，幼虫耗去了它储备的全部液体。因为没有活的根须了，它的尿袋没能再次灌满，尿袋干了。我对它的担心不是没有道理的，果不其然，三天过去了，我看见耗尽体力的幼虫，没能爬上最后那一拇指的高度。它动过浮土，可是无黏(nián)合剂就不能当场黏合，更没办法使浮土固定住，一拨开就塌了下来。如此一遍又一遍地挖、爬，但成效很小。在第四天的时候，幼虫耗尽体力而死。如果幼虫的尿袋是满的，那结果就不同了。于是我就抓了一只尿袋很满的甚至全身浸满尿液的幼虫进行了一模一样的实验。对于它来说这工作太简单了，这松软的土对它似乎无任何的阻力。

幼虫用一点尿液汁滋润了自己的身体后，很快地将土和泥浆黏合在一起，紧接着就是将它们分开、抹平。地道就这样形成了，虽然不是十分的规则。伴着它一步步地往上爬，它的背后的通道几乎被堵住。似乎它知道无法给自己补给水分，因此它只好省下体内的每一滴水，争取早日离开这个陌生的地方。不到生死关头，幼虫绝不轻易使用那宝贵的水。十几天后，它终于胜利地爬了出来，这多亏它的算盘打得精啊。出来后的它嘴张得大大的，如钻头钻出来的孔一般。幼虫为了寻找一个空中楼阁在附近转悠了一番，然后它仰着头用前爪牢固地抓住枝干往上爬，要是树枝还可以放下别的爪子，那它一点也不费劲地就全都抓住；相反，要是无地方再容纳别的爪子，有它的两只前爪钩住也就足够了。接下来它稍作休息，让抓着枝干的爪子硬起来，变成扎实的支柱。在之后不到半个钟头的时间里，幼虫先是背部的中间逐渐裂开，然后蝉从裂缝中钻出来。钻出来的蝉变成了一副全新的面容，两个翅膀湿湿的有光泽，沉重且明亮，一条浅绿色脉络在上面；褐色的胸部，

咬文嚼字

脉(mài)络(luò)：①中医指全身的血管和经络。②比喻条理和头绪。

浅绿色也分布在身体的其他部位，还有一块块的白色斑块。在阳光和空气的滋养下，弱小的生命越来越茁(zhuó)壮，身体的颜色也越来越深。

最后，它的身体色彩变得更深了，并逐渐变成了黑色。此过程前后约半个小时，九点钟登上树枝的它在十二点半的时候在我的注视中飞走了。

那牢牢挂在树枝上的旧躯壳很完好，除了背部的那道裂缝，秋天的风也没能将它吹落。你会时常地看见有的蝉壳在树上一挂就是好几个月，姿态如幼虫蜕变时那样完好无损，甚至整个冬天都不会掉。这种旧的躯壳如干羊皮般十分的坚硬，仿佛是蝉的替身在守望它的往日今朝。

名师指津

蝉蜕变后的废皮依然有如此强的抓力，一方面说明蝉在蜕变的过程中要用很大的力气；另一方面不得不使我们想到蝉的意志，就是废弃的东西它也不会放弃。

感叹的是乡下邻居的那些关于蝉的传说，可要是我对它们全不怀疑地讲出来，那就讲不完了。我就说一个听来的故事吧，仅此一个。

你曾经受过肾衰之苦吗？曾因为水肿导致走路摇摇摆

英语学习馆

重点词语：担心：worry [ˈwʌri]；

绿色：green [griːn]

相关词组：异常担心：worry abnormally；

绿卡：green card

摆吗？那你有没有想得到一种治病的奇方妙药呢？告诉你农村就有这个神奇的药，那就是蝉了！盛夏，农民们会将成虫的蝉一个个地搜集起来，穿成一串一串地放在太阳底下晒干，等晒干了将其摆放在衣柜的角落。当那位家庭主妇没在七月份把成蝉串起来晒干收藏的时候，她就会责怪自己。

当你感觉自己肾脏发炎，并且小便不顺的时候，怎么办呢？熬蝉汤药是最好的治疗秘方。听说它的效果很不错。有一回，我全身不自在，也不知道是哪里的原因。我就喝了一位好心人给我的熬蝉汤药，开始我什么也不知道，事后他告诉我，我才明白。我十分感激这位

读书笔记

善良的人，但是我对这个偏方还是有点疑惑。让我意外的是，阿那扎巴的老医生迪约斯科里德也推荐用这种药方，他说：“蝉，干嚼着吃下去，可治膀(páng)胱(guāng)疼痛。”自从从佛塞来的希腊人将蝉和橄榄树、无花果树、葡萄等这些东西带到普罗旺斯之后，普罗旺斯的农民就把它们当作珍宝一样。只要身体有点变动，迪约斯科里德就推荐烤蝉吃。如今大家都将蝉用来煨汤，用作煎剂。

但说它是利尿的好偏方，就纯粹是天真无知了。谁要是想抓蝉，它就立刻向你撒尿了，随后飞走，这是众所周知的事情。这仿佛是它在向我们展示它排尿的能力，因此迪约斯科里德等同代的人都以这为理由而推行这一秘方，同样我们普罗旺斯的农民到现在还这样看待。

啊，和善的人们啊！假如幼虫可以用尿和泥来建自己的气象站这一情况你知道的话，你会怎么看待？拉伯雷是这样描述的，高康大坐在巴黎圣母院的钟楼上，从自己巨大的膀胱里撒出尿来，淹死了巴黎的闲散人等。当你知道这个故事以后你还会相信这是真的吗？

拓展阅读

名师点拨

蝉的一生都在辛苦地忙碌着，从幼虫到成虫，不仅要用勤劳完成艰难的挖掘工作，还要努力地为蜕变作准备。而成虫到幼虫又经过了牺牲的痛苦，尽管付出的远远大于回报，但它们依然一如既往地生活，毫无怨言。还有，蝉蜕变的皮，都成为人类有用的药材。这是一种何等的伟大和牺牲。作者通过描述蝉，赞美蝉，表达蝉的牺牲精神，是为了告诉读者做人的道理：只有付出了努力，才能得到应有的回报。

学习要点

设问：是一种常见的修辞手法，常用于表示强调作用。为了强调某部分内容，故意先提出问题，明知故问，自问自答。正确的运用设问，能突出某些内容，使文章起波澜，有变化。文中作者就是运用设问句来提出蝉的幼虫如何处理浮土，引人注意，启发思考；使文章结构紧凑，层次分明，更好地表达了幼虫的勤劳和智慧。

反问：是用疑问的形式表达确定的意思，以加重语气的一种修辞手法。反问只问不答，答案暗含在反问句中。人们可以从反问句

中领会到表达者的真意。反问也叫激问、反诘、诘问。文章中“对于身经百战的幼虫来说，一个并不坚固的土堡垒会成为困难吗”？这个反问句进一步让人相信蝉的幼虫会从土柱里爬出来。但是，通过后文来看，并不是这样。于是，反问句的加强肯定又与后文的事实否定形成了鲜明的对比之美。

好词

蜂拥而来　天马行空　美味佳肴　一清二楚

好句

·夏至快到的时候，第一批蝉出现了。在行人熙攘、被太阳炙烤、被踩得结实的小路上，都能看见一些像大拇指一样大小的孔洞，这是蝉的幼虫爬出时留下的。

·从这些很容易看出，蝉的洞不同于食粪虫这帮挖掘工的洞，因为食粪虫的洞上面堆着一个小土堆。很明显 ，两者采用了不一样的工作程序。

·蝉的幼虫可以自由地从地面钻到洞底，从洞底钻到地面。而它锋利带爪的脚却没有引起塌方、堵塞通道，使它上不能、下不得。

·这个时候眼睛也就起到了关键性的作用。它兢兢业业辛勤劳动，在准备蜕变的期间完成视力成熟，这充分证明幼虫的上行通道不是仓促之间完成的。

·那牢牢挂在树枝上的旧躯壳很完好，除了背部的那道裂缝，秋天的风也没能将它吹落。

灰蝗虫

蝉的蜕变我们在上个章节中已经详细了解过了，而灰蝗虫的蜕变是否和蝉一样呢？灰蝗虫又是如何从幼虫发育为成虫呢？相信你阅读完本章节也一定会对灰蝗虫有所了解。

一件令人激动的事刚被我发现：有这样一个十分壮观的情景，一只蜕变的成虫从幼虫的壳中钻出。那是一只在整个蝗虫家族中号称巨人的灰蝗虫，在九月份葡萄收获时，在葡萄树上就可以发现它。一指长的身体，比别的蝗虫更好观察。

灰蝗虫的幼虫胖而丑陋，已初显成虫的样子，通常呈嫩绿色；有的也呈青绿色、淡黄色、红褐色的幼虫；甚至

有的已和成虫一样是灰色了。它的前胸，呈明显线形，有小圆齿，上面布满了细小的白斑和突起物。它已经有成年蝗虫的粗壮有力的后腿，上面有红色的纹路，长长的小腿生有双面锯齿。过几天，鞘翅将会超过肚腹许多，但如今仍是两片不怎么起眼的三角形的小羽翼，其上部边缘紧靠前胸，下部边缘朝上翘起，看似尖形挡雨檐 (yán) 状。此时的鞘 (qiào) 翅勉强能挡住赤裸着的蝗虫背部，就像西服的垂尾，因为料子不充裕只能将尺寸缩小，粗糙制成。鞘翅掩护着的是两条小带子，很细小，那是和鞘翅相比更短小的翅膀的胚芽。虽然灵活而美丽的羽翼很快就能长成，但眼前还是两块为了节约布料而被剪得支离破碎的布头。这堆破碎东西里会跑出来什么东西呢？是一对非常宽大而美丽的翅膀。

咬文嚼字

胚芽：①植物胚的组成部分之一，胚芽突破种子的皮后发育成叶和茎。②比喻刚萌生的事物。

让我们认真地查看一下事情发展的过程。待幼虫感到它已长大到能够开始蜕变那刻，就会用后爪和关节抓住网纱，然后前腿收回，交叉放在胸前以示准备，用来撑起背向下躺着的成虫转过身来。接着，鞘翅的鞘——三角形小翼成直角伸展开其尖帆，最后，细小带子在伸展出的缝隙处中间竖起且微微展开。至此两条蜕皮的前期准备工作已经稳稳妥妥地做好了。

首先，一定要使旧外壳裂开。因为反复收放，所以在前胸前端下部产生了推动力。在颈部前端，也许要断开的外套遮掩下的整个身子都在做着这样的收放运动。关节部分薄膜很薄，因此人可以清晰地看到这些赤裸部位的收放运动。由于护甲挡住了前胸的中央部分，所以没法看见了。昆虫的血液一进一缩地流淌在蝗虫的中间位置，像液压打桩机那样一下下地撞击着。血液这样冲撞、击打，终于使外皮最后顺着最小的一条细线裂开。顺着前胸的流线体而张开的裂缝，好像从两个对称位置的焊接线断开来一样。之所以必须挑选从这个相对薄弱的中间部位开裂是因为外壳的其余部分都结合得很紧实而不能挣开。裂开的缝隙稍有一点向后延伸，下达羽翼的接连处，之后转到头部，再到达触须底部，从这儿区分为左右短叉。

名师指津

本段话是对灰蝗虫蜕变过程的描述，作者用了“一进一缩”和“液压打桩机”来描述灰蝗虫蜕变时血液的变化，用“焊接线”来描述表皮的断裂，生动地展示了灰蝗虫蜕变中的最细微的变化。增添了文章趣味性。

自这个裂口显露出来的背部，柔嫩苍白，稍带灰色。只见背部慢慢地拱起，并且愈来愈高，终于从壳中露出来了。之后，头也跟着从面具里抽了出来，面具丝毫不损地留在了原地，唯独两只玻璃状的眼睛却什么也看不见了，看起来很怪异。

触须的套子看不到一点皱纹，完全为自然状态，挂在显得半透明而又了无生气的脸上。触须未遇上一点麻烦，

从紧致狭小的外壳中钻出来了，因此外壳没能转向、变形，以至于一点褶皱都没弄出来。触须的大小与外壳大小一样，而且同样是有节的，但是它对外壳没有造成一点损坏，就轻松地从里面钻了出来，就如同一个十分光滑的物体从一个毫无障碍的管子里滑出来一般。更使人感到震惊的是，后腿的伸出也是那样的简单轻松。

咬文嚼字

褶(zhě)皱：由于地壳运动，岩层受到压力而形成的连续弯曲的构造形成。②皱纹。

此时该前腿和关节部位脱离臂铠和护手甲了，仍然无一点撕裂、褶皱或自然位置的变化被发现。蝗虫只是用很长的后脚爪子抓住网罩，垂悬吊着。我触碰了一下

纱网，它就像摆钟似的晃动起来。它用来支撑的就是四个又细又小的弯钩。

假如这四个弯钩不小心撒开了，这只蝗虫就会摔下来，一命呜呼了，因为在空中那庞大的翅膀现在还是不能张开的。可是，它们会紧紧地抓着，因为在它们从外壳伸出来以前，其生命就给予了它们顽强的性格，因此，在以后的日子里它可以

稳稳妥妥地承载着挣脱外壳的命运。

现在，鞘翅和翅膀正在出来。那是四个窄小的破片，一些条纹隐约可见，形状如同被撕裂的小纸绳，最多也只有成虫长度的四分之一。它们还很柔弱，无法支撑起自身的重量，耷拉在头朝下的身子两侧。翅膀末端无所依傍，原本该冲着后部，但现在却在蝗虫的头部。现在看到的蝗虫的飞行器官，宛若四片肉乎乎的小叶子被暴风雨摧残过后的破落不堪的样子。

名师指津

这个比喻句形象生动地描绘了还很柔弱的鞘翅和翅膀，使读者一看就知道它们此时的样子。

为了让自己日臻完美，它必须进行一项深入细致的工作。这项机体内的工作甚至已经在充分地进行着，就是把黏液凝固，让不成形的结构定型。可是，从外面丝毫发现不了里面在进行的这种神奇的实验。从外表看上去的蝗虫就仿佛已经死去了，一点生气都没有。在这段时间里，粗大的后腿挣脱、呈现出来，向内的一侧呈浅粉红色，然而不久就变成了鲜艳的胭脂红。后腿出来很容易，把收缩的

英语学习馆

重点词语： 结构：structure ['strʌktʃə(r)]；

实验：experiment [ɪk'sperɪmənt]

相关词组： 工资结构：salary structure；

做实验：conduct an experiment

骨头一伸，道路便毫无阻碍了。

可是小腿却大不相同。当蝗虫长成成虫时，整条小腿上竖着两排坚硬锋利的小刺。另外，下部顶端有四个有力的弯钩。这是一把货真价实的锯，它有着两排平行锯齿，非常强壮有力，要不是小了些，那简直能跟采石工人的大锯相媲美。

幼虫的小腿结构与大腿相同，也是裹在有着相同装置的外壳里。每个弯钩都嵌在一个同样的钩壳之中，每个锯齿都与另一个同样的锯齿相啮合，并且咬合得相当紧密，就算是用刷子在上面刷层清漆来代替这要蜕去的外壳，也比不上它们咬合得那样严丝合缝。但是，胫骨的这把锯子从中蜕出来时，紧贴着外壳的任何地方都丝毫未损。倘若不是我一而再、再而三地认真观察后，我是很难相信的。留下来的小腿护甲毫发无损，完整无缺。不论末端的弯钩还是双排锯齿都没有弄坏一点柔软的外壳。那细嫩的外壳吹弹可破，而尖利的大耙在其间滑动却没有留下一点的擦伤痕迹。

这种情况我从始至终都没有料到。我看到那披着刺棘的铠甲时，我就以为小腿上的外壳会像死皮似的一块块脱落，或者被擦碰掉下。但事情完全出乎我的意料！

名师指津

灰蝗虫的蜕皮并不是像作者想象的那样一块一块掉下来，而是一个整体，看上去就和原本的身体一样。作者在这里对灰蝗虫的细节描写使我们感受到了作者内心对大自然的热爱。

弯钩和刺棘不费吹灰之力地从薄膜里出来了，这些刺会

让蝗虫的小腿变成一把可锯断软木头的锯子呀。脱下来的外壳靠着其爪状外皮，钩在网罩的圆顶上，没有丝毫的褶皱和裂缝，即使用放大镜也找不到任何硬擦伤。外壳蜕皮前后一模一样。那蜕下的护胫也同那条真腿一样，无丝毫的不同。

谁要是让我们把一把锯子从紧贴着它的很薄的薄膜套里抽出来而又不让薄膜套有所损伤，我们必然会一笑置之，觉得这是痴心妄想。但生命却开了个玩笑，嘲弄了这类一笑置之。生命在必要时总有办法实现看起来荒诞的事情。蝗虫的爪子便向我们说明了这一点。胫(jìng)骨锯脱套之后是那样的坚硬，那么要是不弄破紧紧裹着的外壳，它就根本没办法出来。但困难被它绕开来了，因为胫甲是它唯一的悬挂带，它必须完好无损，才能为蝗虫提供坚固的支点，直到脱皮全部完成。

正在努力挣脱的腿还不能行走，它还没有达到足以行走的那种坚硬度。它很软，非常容易被弯曲。我对它的蜕皮部分做了实验，我把网罩倾斜，便会看到已经蜕皮部分因受重力影响，随我的意愿在弯曲。细小的带状弹性胶质也失去了弹性。不过，用不了几分钟它就会坚硬起来，达到它所必需的硬度。

再往前找，在我所看不见的被外套遮住的部分里，小

名师指津

作者在这里运用类比方法，首先以蜕皮的弯曲度来证实蝗虫的腿的柔软，说明此时蝗虫的腿的确不足以支撑其行走。随后，蜕皮又变硬起来，说明蝗虫的腿也会渐渐变得坚硬起来，使它能够行走。这种用实验作类比的方法，使得结论更准确，更可信。

腿肯定要软，处于一种非常有弹性的状态，或者可以说是流体状的，致使它几乎能像液体似的从通道中流出来。

小腿这时候已有锯条的锯齿结构，但不像它出来以后那么锋利。确实，我能够用小刀尖为小腿部分剔去外壳，并拔除被模子紧裹着的小刺。这些小刺是锯齿的胚芽，是柔嫩的肉芽，微受外力就会弯曲，外力一除又立刻恢复原状。

这些小刺全部向后仰倒，方便蜕出，而随着小腿向外伸出，它们也在逐渐地竖起、变硬。我不是单纯地观察把护腿套蜕去，露出在盔甲中已成形的胫骨，而是进一步观察一种令我惊讶不已的迅速的诞生过程。

螯虾的钳子在蜕皮时要从坚若石头的旧套中把两只手指的嫩肉挣脱出来时，情况几乎也是如此，但细腻精准的程度却比蝗虫差远了。

现在，小腿终于解脱了。它们软软地折进大腿的股沟里，一动不动地成长起来。紧跟着，肚腹上的皮蜕了，它那件精巧漂亮的外衣有了皱纹，一直往上蜕到顶端，而顶端还需在壳里卡一会儿，除了这，蝗虫的整个身体已经都露在外面了。它垂直地悬挂着，头朝下，由小腿护甲的钩爪钩住。

蝗虫被破烂衣衫固定着的后部，一动不动。它的肚子胀得宛若一只圆底锅，看上去又仿佛是被储存的机体液体撑起来一样，这些液体用不了多久就会被翅膀和鞘翅用上了。蝗虫在养精蓄锐，前后大概持续二十分钟。

名师指津

这里描写了灰蝗虫用脊椎着力，把整个身子正过来的过程。与杂技演员作比对，说明灰蝗虫的脱皮过程是艺术性、技巧性与力量性的完美结合。

接着，只见它脊椎一着力，由倒悬成正挂，用前跗节牢牢抓住挂在头上的旧壳。即使那些杂技演员，在用脚倒挂高空秋千，想要把身子正过来时，腰部也不会用这么大力气。如此用力地一个翻转之后，其他就没什么难做的了。

蝗虫依靠支撑物，稍微往上爬，便碰到了罩子的网纱，这网纱现在相当于蝗虫在野地里蜕变时所常用的灌木。它用四只前爪把自己固定在网纱上，这样肚腹末端就完全解脱了，然后又用力最后一挣，旧壳便掉了下去。

我对这蜕去的旧壳是非常感兴趣的，它使我想起了蝉衣在凛冽的寒风中是怎样牢牢地挂在小树枝上不掉下去。蝗虫的蜕变方式与蝉差不多完全相同，可蝗虫的悬挂点怎会如此不结实呢？

挺身动作一做完它便全身摇动起来，只要稍微一动便脱落下来。足见这时的平衡很不稳定，这就再一次说明蝗虫从外套中出来时是何等的精确无误啊。

由于我没有找到更好的术语，因此只好用“挺身”这个词了，但事实上这也不是完完全全贴合的。“挺身”意味着猛烈，但是这个动作中没有猛烈，因为平衡不稳定，只要稍微用点力，蝗虫便会摔下来，一命呜呼而干死在那儿，或者至少因为它的飞行器官无法展开而成为一堆破烂。蝗虫并非一根筋地硬闯出来，而是小心谨慎地从外套中滑动出来，似乎有一根柔细的弹簧在轻轻地把它弹出来。

名师指津

这里作者采用比喻、拟人的修辞手法将蝗虫蜕变时的谨慎细致写得形象而生动。

我们再来看看那些蜕去外壳之后外表上未见任何变化的鞘翅和翅膀吧。它们依然残缺不全，像是上面有细竖条纹的小绳头。它们要等到幼虫完全蜕皮并恢复正常位置之后才会展开。我们刚才看到蝗虫翻转身子，头朝上了。这种翻身动作完全可以使鞘翅和翅膀恢复到正常位置。原先它们非常柔软地因自身重量而弯曲地垂着，自由的一端朝着倒置的头部。此

刻，它们仍然以自身的重量修正着姿态使其处于正常方向。现在虽然已不再有弯曲的花瓣，颠倒的位置也调整了过来，可是这并没有改变它们不起眼的外表。

蝗虫的翅膀完全张开时呈扇形，一束轮辐状的粗壮翅脉横贯翅膀，成为收缩自如的翅膀构架。翅脉间，有无数横向排列的小支架层层叠起，使整个翅膀形成一个带矩形网眼的网络。鞘翅短小粗糙，上面也是同样的方格状网眼结构。而现在，鞘翅和翅膀状若小绳头，看不出这种带网眼的结构。上面仅仅是几条皱纹，几条弯曲的小沟，说明这些残废肢体是由精巧折叠使体积达到最小的织物构成的。

翅膀的展开是从肩部旁边开始的。起初并不见那里有什么变化，但很快便出现了一块半透明的纹区，有着清楚而漂亮的网络。逐渐地，这块纹区用一种连放大镜都无法观测到的缓慢速度在一点点扩展，以至末端那不成形状的胖东西在相应地缩小。在逐渐扩展和已经扩展的这两部分的连接处，我怎么也没能看出个头绪来，就好像我看不出来一滴水中有什么东西一样。但是，稍安勿躁，用不了多久那方块网络组织就会很清晰地凸显出来了。

咬文嚼字

稍安勿躁：耐心等待一下，不要急躁。

倘若我们根据初步观察来作出判断的话，我们一定会觉得是一种能够组成实体的液体突然凝结成了带有肋条的网络。我们还会以为眼前的是一种晶体，因为它们颇像显微镜载玻片上的溶化盐。而事实却不是这样。生命在其创作中是不会出现这种突如其来的状况的。

我将一块已经发育了一半的翅膀折断，在大倍数的显微镜下对它做仔细地观察。这一次我非常满意。在逐渐结网的两部分的交接处，这个网络实际上已预先存在着。我能清楚地辨别出其中的已经粗壮的竖翅脉；甚至还能看见其中横向排着的支架，即使它们依旧苍白又不凸显。我成功地把末端的几块碎片展开来，如愿地发现了我想要找的一切。这已经证实：翅膀此刻并不是织布机上由电动梭子生产出来的一块布料，而是一块已经完全织成了的成品布料。它只是缺乏坚硬度和伸展性，用不了费多大事，只要像拿熨斗熨烫衣服时那样稍微一熨就平展了。

三小时过后，鞘翅和翅膀便全部展开了。它们竖立在蝗虫背上，呈一张大帆状，一会儿是无色，一会儿又成嫩

名师指津

蝗虫翅膀与蝉刚蜕变完的翅膀进行了比较，通过它们之间的相似性来让读者更好地理解蝗虫的翅膀的形态。

英语学习馆

重点词语： 翅膀：wing [wɪŋ]；

熨斗：iron ['aiən]

相关词组： 翅膀上的羽毛：wing feathers；

蒸汽熨斗：steam iron

绿了，就如同蝉翼开始时的情形。想到此前它们像个不起眼的小包袱，现在却展开得这么宽大，真令人拍案叫绝。小包袱(fu)里怎能装下这么多东西啊！

咬文嚼字

拍案叫绝：拍着桌子叫好。形容特别赞赏。

寒碜：①丑陋；难看。②丢脸；不体面。③讥笑，揭人短处，使人失去体面。

童话故事里说过一粒大麻籽儿装着一位公主的整套衣服，而我们这儿所见的是另一粒更加惊人的籽儿。童话里的那粒大麻籽不停地生长、繁殖，用了很多年才长出办嫁妆所需要的大麻；而蝗虫的这粒“籽儿”，只用了非常短的时间就长出了一对漂亮的大翅膀。

这竖着四块平板的美妙的大翅膀在慢慢地坚硬起来，开始有了颜色。到了第二天，那颜色就已经定形了。翅膀第一次折合成了一把扇子，贴在自己该在的位置，鞘翅则把外边缘弯成一道钩贴在身体一侧，于是蜕变完成了。大灰蝗虫只需在灿烂的阳光下变得更加茁壮，把自己的外套晒成灰色了。且让它先享受着自己的快乐，我们回头再来看看。

先前提到过的，紧身甲顺着底部中线裂开后不久便从外壳中出来了四个残缺不全的东西，包括有翅脉网络的鞘翅和翅膀，这网即使谈不上完美无缺，但至少从整体看来很多细部已经基本定型。为打开这寒碜的小包袱，让它变成美丽的翅膀，只要使有着压力泵(bèng)作用的机体把其储存的液汁注入已经准备好的那里就行了，而此刻是最艰苦的时刻。通过这个事先备好的管道，翅膀便被一股细流撑开了。

但是，鞘翅和翅膀在成形前会是什么样子呢？它们是不是在按照镘(màn)刀状或三角形状的翅膀模具形状发育？与此同时，它们是不是还被反复的褶皱和起伏不平的线条塑造，以织出翅脉的网络呢？

如果我们看到的是一个真正的模具，我们的思维就可以稍微休息一下了。我们会想：用模具铸出来的东西跟中空部分一样是很简单的。但是，我们脑子的歇息只是表面的，因为我们一定会想，模具那么复杂的结构也得有它的出处呀！我们也不必穷追不舍。对于我们来说，这一切可能都是混沌不堪的。我们只涉及我们所观察到的情况就可以了。

我在放大镜下仔细观察已成熟的要蜕变的幼虫的一个翼端。我看到上面有一束呈扇形辐射开来的粗壮翅脉。其中还夹着其他一些细小而且苍白的翅脉。最末端，还有很多极短的横线，更加微小，弯成了人字形状，将这个组织补全了。

鞘翅的粗略雏形已算基本形成。它与成熟的鞘翅相比

几乎是天壤之别！与似建筑物梁木的翅脉的辐射状布局完全不同，由横翅脉构成的网络丝毫不像未来的复杂结构。成熟的鞘翅是在粗糙基础上日臻完善的复杂构造。翅膀的翼及其结果，即最终的翅的情况也与此相同。

当准备阶段和最终阶段的实物都展现在眼前时，一切就都一目了然了：幼虫的小翼并不是按照翅膀的模样简单加工来的。当打开包裹小翼的外套时，我们惊呆了。我们所盼望的小翼薄膜并没有像一个小包被裹在里面，取而代之的是宽阔而无比复杂的翅膀！这就是说，在真正成为翅膀之前，薄膜是一种虚幻的、不存在的状态，然而它又是在变化着的。这时候的薄膜，就好像橡树被包裹在橡树的果实中一样。

我们还发现，小翅膀和小鞘翅的边缘都有一圈半透明的小球。在小球里，有几条模糊的轮廓线条（高倍放大镜才能观察得到），这就是未来的花边雏形。这里十分有可能是生命让其材料演化的场所。

除了上面这些，我们再没看到什么。我们预感到的那个奇特网络一点蛛丝马迹都没有看到。但我们知道，这网络上的任意一个网眼，都将会有自己确切的形状和相当精确的部位。

所以，要使可生成器官的材料具有翅膀状，并构成错综复杂的翅脉网络，就需要比模具更精确、更高级的结构。在这个结构里，肯定有一张十分精确的平面图和一份十分具体的施工说明书，以让每一个微粒都完美地进入预定的地方。

在使用材料的前期，外表形状准确地被描绘出来，早已铺就完成了让塑性液体流淌的管道。建造物的沙石都整齐地放好了，都是按照建筑师设计好的操作说明书来的。首先它们在想象中安排布置，接下来就开始一五一十地堆砌。和这相同，蝗虫羽翼在一个看起来不怎么耀眼的外壳

英语学习馆

重点词语：外套：coat [kəʊt]；生命：life [laɪf]

相关词组：皮大衣：leather coat；寿命长：long life

中脱颖而出变成漂亮的花边薄翼，使我们懂得了有另外一名建筑师，生命便是按照它绘制的蓝图去创造的。

生物有各种各样的诞生方式，值得肯定的是还有比蝗虫更让人震惊的方式，话说回来，那些奇迹都在时间这张庞大的帷幕笼罩下悄无声息地开展着。假设我们没有坚持到底的干劲，我们就不会看到那奇特却缓慢的过程中最让人心动的场景。眼下，蝗虫这速度之快的蜕变过程已异乎寻常，所以我们要全神贯注，哪怕是在犹豫的那时刻，也不应该放松一丝警惕。

谁要是不想毫无生趣地等候着看生命是如何无法想象地去灵活巧妙地工作的话，那观察葡萄藤上的大蝗虫就是最好的选择。种子出芽，叶子展开，花朵开放，都那么缓慢，不能即刻满足我们的好奇心，但葡萄藤上的大蝗虫却能够很好地帮助我们，向我们展示生命变化的秘密，使我们内心得到极大的满足。虽然小草如何缓慢地生长我们看不见，但是蝗虫的鞘翅和翅膀蜕变的过程我们却是能清晰地看见的。

看到这个大麻籽儿在数个小时间就变成了一张漂亮的大帆，真让人惊叹不已。编织蝗虫翅膀的生命啊！你真是个能工巧匠啊！但在种类繁多的昆虫世界中，蝗虫只是其中不值一提的一种罢了。老博物学家普林尼在谈到它时曾这样说道："葡萄藤上的蝗虫在这个刚向我们指明的人迹罕至的角落里，证明了它是那样强大、聪慧、完整和美丽！"

名师指津

此处通过引用博物学家普林尼的话体现出了蝗虫蜕变时的神奇、美丽以及生命的强大。

据一位博学的研究者说，他觉得生命其实也就是物理力和化学力的一种碰撞罢了，他用尽脑汁，期盼有一天可以用人工的方式获得可以组织的物体，即专业术语里的“原生质”；如果我有这种本领，我必定急于使这位斗志昂扬的人的愿望得以满足。

好，就像这样，你准备好了各种各样的“原生质”，在深入考虑、精心研究、耐心仔细、谨慎小心以后，你的愿望实现了；但你从实验仪器中提取到的却是容易腐坏、几天后就会发臭的蛋白质黏液，总之，就是一种肮脏、不值钱的东西，那你要这东西有什么用呢？

你是不是会将它组织在一起呢？你是不是会给它赋予生命的建筑框架呢？你是不是会用注射器将它注入两片不能搏动的薄片中间去，以获得哪怕是一只小飞虫的翅膀呢？蝗虫基本就是按这种方法来生存的。它把它的“原生质”注进小翅膀的两个胚层之中，“原生质”就在那儿变为鞘翅；之所以会这样，那是因为它有我们前面所谈到的原型作指导。它在迷宫中按照存在于它之前并且早就做好的施工说明书进行施工，而这份说明书在开工以前就已经存在，甚至比材料本身的出现还要早。对这类形状经过调整的类似原型，在你的注射器针头上是否有一个事先调整形状的调节器呢？没有！因此你就丢弃你的提取物吧。生命绝对不能从这样的化学垃圾里诞生出来。

拓展阅读

名师点拨

蝗虫蜕变的一刹那，非常之快，如果我们不是进行细致而精心的准备，不是全神贯注地去观察，恐怕是不能看到那一幕精彩的场面。作者对蝗虫蜕变过程的描写，让我们看到了生命诞生的奇特。

学习要点

疑问句：在汉语中，常常用陈述句的语序，在句尾加上问号，便构成了疑问句，表达说话者的“设问”“疑惑”等感情色彩。与反问句、设问句等问句不同，这里讲的是最常见的问句，主要有以下四类：

1. 是非疑问句

是非疑问句主要询问事件的“是”或者“不是”，要求别人回答“是”或“否”。是非疑问句中经常使用的疑问语气词有“吗、吧、啊”等，但不能使用“呢”。是非疑问句句末语调要为升调。

2. 正反疑问句

正反疑问句是使用肯定和否定并列的方式进行提问，希望对方从肯定和否定的内容中做出选择的疑问句。和是非疑问句相比，正反疑问句询问功能更强，多用来表达问话人急切得到答案的迫切心情。正反疑问句一般不使用疑问代词或疑问语气词，需要时可用“呢、啊”，一般不用“吗、吧”。

3. 特指疑问句

特指疑问句主要是用疑问代词，针对事件的时间、地点、性质、方式、原因等进行询问，要求对方对疑问部分作出回答。特指疑问句只能使用“呢、啊”等语气词，不能使用“吗、吧”。特指疑问句既可以使用升调，也可以使用降调。

4. 选择疑问句

选择疑问句是提出两种或两种以上的情况，让对方从中进行选择。选择疑问句经常使用“A 还是 B”“是 A 还是 B”等固有格式。选择问句常用“呢”，一般不用“吗、啊、吧”。

写作借鉴

好词

全神贯注　悄无声息　日臻完善　痴心妄想　斗志昂扬

好句

·这竖着四块平板的美妙的大翅膀在慢慢地坚硬起来，开始有了颜色。到了第二天，那颜色就已经定形了。

·除了上面这些，我们再没看到什么。我们预感到的那个奇特网络一点蛛丝马迹都没有看到。但我们知道，这网络上的任意一个网眼，都将会有自己确切的形状和相当精确的部位。

·眼下，蝗虫这速度之快的蜕变过程已异乎寻常，所以我们要全神贯注，哪怕是在犹豫的那时刻，也不应该放松一丝警惕。

绿蚱蜢

绿蚱蜢是一种凶猛的昆虫，也是一个无情的杀戮者，它具有强硬的下颚，可以袭击远比自己高大、威武、凶猛的对手，将其开膛破肚。绿蚱蜢究竟是如何凶猛地对待它的猎物的？绿炸蜢与雄鹰相比，谁厉害？带着这些疑问，我们来进行本章的阅读。

七月中旬，最热的三伏天刚刚开始，但这只是气象学说的，早在这张日历到来之前，最热的天气就已经来了。最近这段日子，真可以说是烈日似火。

今晚，国庆晚会正在村子里进行着。村里的姑娘和小伙子们正高兴地围着一堆篝火在跳着舞，火光撒到了教堂的钟楼上，“嘭啪嘭啪”的鼓声随着“钻天猴”的烟花响声。在昏暗的一角，我一个人趁着夏夜九点的相对凉爽认真聆听田野上那愉悦的、庆祝丰收的音乐会；这里相比村中广场上正在燃放的烟花、篝火、纸糊的纸灯笼，特别是由烈性烧酒组成的节日舞会，更加精彩。它虽朴实却美丽，虽平静却又有威力。

夜已经很晚，蝉也停止了歌唱。它们在白天饱受烈日的烤晒，无止境地用尽力气去唱歌，而夜晚来临，需要休息了，它们却往往被打扰得无法安然入睡。在梧桐树那又深又密的枝杈间，会突然地传来一声像哀叫一样的闷闷的响声，不但短促而且凄惨。这就是蝉被绿蚱蜢瞬间袭击而发出的绝望哀鸣。绿蚱蜢也算是夜晚凶悍残暴的猎手，它向蝉扑去并拦腰将它搂住，将它开膛破肚，挖心掏肺。跳舞欢歌的背后，竟然是杀戮！

名师指津

"绝望的哀鸣"指出了两层含义：一是蝉是绿蚱蜢菜单上的一员；二是绿蚱蜢捕食时很凶猛。

在我的居所周边，好像绿蚱蜢并不多见。去年，我曾经打算要仔细地研究一下这类昆虫，但是从未找到它。因此我乞求一位守林人帮忙，他最终帮我从拉加尔德高原找到了两对绿蚱蜢。那里是酷寒之地，山毛榉现在爬满了旺杜峰。

好的运气常常要先捉弄一番，然后才会对顽强不屈者微笑。在以往找了很久都没发现的绿蚱蜢，这年夏天就随

处可以看到了。我都没必要离开这个狭小的园子就能抓到它们，并且想抓多少就抓多少。每个夜晚我都能够听到它们在茂盛的丛林中躲着唱歌。我必须掌握好这个时机，一旦失去就不会再来。六月份开始，我就把我抓到的那一对对绿蚱蜢丢进了一只有着金属网的像钟状的罩子下，罩子下面有瓦罐，一层沙子铺在里面做底。这俊美的昆虫实在是太令人惊奇了，全身浅绿色，两条浅白色的带子在身体两侧。它高雅的体态轻盈健壮，两只大翅膀和罗纱一样。我为能抓到这样的俘虏(lǚ)而扬扬得意。它们会使我明白些什么呢？边走边说吧。此时要先把它们喂饱养好。

我用莴(wō)苣(jù)的叶子去喂养这些牢囚。它们还真在啃嚼，但是吃得少，完全爱理不理的架势。因此我很快懂得我喂养的是一群不愿食素的昆虫；它们显然需要吃一些肉类食物。它们依旧需要其他的，看上去是要捕捉活食了。但到底是哪种肉食让它喜欢呢？一个意外的机会让我知道了这一秘密。

天亮的时候，我在门前溜达，突然发觉旁边一个梧桐树上落下点什么东西，还在嘎嘎地叫。我很快地跑了上去，是一只蚱蜢在掏一只蝉的肚腹。蝉大声叫着、挣脱着，但都无济于事，还是被蚱蜢一直咬着不放，内脏也正遭到蚱蜢的撕拽，一小口一小口地被吃掉。我突然知道了：蚱蜢是早晨在树上趁蝉休息时进行袭击的，蝉因受突然袭击

名师指津

这段话作者向我们展示了蚱蜢和蝉之间的较量。蚱蜢为了能够战胜蝉不惜和蝉一起从树枝上滚落在地。

而拼命挣扎，于是袭击者和被袭者就扭在一起掉落下去了。从那以后，我多次看到过类似的宰杀场景。我见过胆识过人的蚱蜢跳起追捕狼狈乱钻的蝉，就像雄鹰在高空中追寻麻雀一样。但和这胆大过人的蚱蜢相比，猛禽也要略逊一筹了。苍鹰是专门袭击比自己小的动物，可蝗虫类则正好相反，它们爱好袭击远比自己高大、威武、凶猛的对手，而这种身高差距颇大的血拼的结果常常是小个头儿得到胜利。蚱蜢具有超强的下颚和利爪，极少有对手可以逃出被开膛的命运；后者因为无武器，所以常常只有哀叫和挣脱的份了。

名师指津

蝉是绿蚱蜢的美味佳肴，蝉的嗉囊里拥有绿蚱蜢最喜欢的甘美汁液——糖浆。对于绿蚱蜢来说，它们很容易就能捕捉到蝉。当蝉停止白日里的鸣叫时，若仔细听，我们往往能听到“吱吱”的悲惨的声音，那将是它生命的绝唱，因为它被绿蚱蜢抓住了！

最重要的是要将猎物控制住，这对于它们来说很容易，在晚上猎物打盹儿的时候动手就行了。只要被夜巡的凶猛的蚱蜢撞见的蝉都难免惨死。这就可以理解了，为何夜深人静，蝉停止叫声的时候，却会突然听到树冠里传出“吱吱”的惨叫声了。那是身穿浅绿色衣裳的强盗捉住了一只入睡的蝉。

我找到了我的食客们所需的食物了，我用蝉来喂养它们。它们非常喜欢我准备的美味食物，因此两三周过后，我那个笼子里就满眼狼藉了，蝉的脑袋、空的胸壳、断的翅膀、断肢残爪随处可见。只有肚子几乎整个儿不见了。肚腹是块好肉，虽然营养成分不高，但看来味道相当不错。

确实，蝉腹中的嗉囊里储存着糖浆，那是蝉用自己的小钻从嫩树皮里汲出来的甘美汁液。是否就是这种蜜饯(jiàn)的缘故，蝉的肚腹才成为猎人的首选？可能性很大。

为了让食谱多样化，我还专门挑选了一些水果喂给它们吃，例如梨片、葡萄、甜瓜片等。它们非常喜欢吃这些水果。绿蚱蜢就如同英国人，它非常钟情于在上面浇着果酱的牛排。这或许便是它为何一旦抓了蝉，便往往会将蝉开膛破肚的原因了，因为它肚子里满是裹着果酱的鲜美肉食。

并非在所有地方都能吃到这种美味的甜蝉。北面的世界里，绿蚱蜢随处可见，可它们想要找到在我们这里所喜爱的这种美味，却几乎不可能。它们可能还有其他的食物。

为了能够弄明白这个问题，我喂它们吃细毛鳃角金龟，这是与春季鳃角金龟一样的夏季鳃角金龟。这种鞘翅昆虫到了笼里，绿蚱蜢们便毫不犹豫地扑了上去，吃得仅剩下鞘翅、脑袋以及爪子。我又放进肥美的松树鳃角金龟，结果也一样，第二天我便发现它早已被那帮凶神恶煞的绿蚱蜢给开膛破肚了。

这便证明绿蚱蜢是个嗜食昆虫者，尤其钟爱没有太硬的有甲胄保护的昆虫；但绿蚱蜢和螳螂不一样，并不像螳螂那样除了野味什么都不吃。这个蝉的刽子手还了解用素

食来调剂肉食的高热量。它吃完肉喝光血后，还会加点水果来调节一下，若是没有能够享用的水果，拿些草来吃也是可以的。

名师指津

作者运用了拟人手法来形容绿蚱蜢的“食谱”，如“调节”“享用”；除此之外，还用“刽子手”来比喻蚱蜢的凶猛。这种修辞手法，使文章更生动，更引人入胜。

然而，同类相残仍然存在。只是我还从未看到我笼中的蚱蜢有螳螂那样的野蛮行径，后者时常拿自己的情侣开刀。不过，倘若笼里有哪只弱小的蚱蜢倒下了，其他幸存者便会将它当一般猎物看待，毫不犹豫地扑上去；而这并不是因食物匮乏而拿同伴充饥；即使食物并不短缺，蚱蜢也会吃死去的同伴。无论怎样说，凡是身有佩刀的昆虫均不同程度上有掠吃伤残同伴的癖(pǐ)好。

咬文嚼字

匮(kuì)乏：缺乏；贫乏。

除了这些，我笼子里的绿蚱蜢倒还相安无事地生活着。它们之间从不穷打恶斗，最多为食物争斗上一番。我刚投进一片梨，一只蚱蜢便立即霸占了。由于害怕别人争抢，它便会踢腿蹬脚，以防别人靠近，自私自利显露无遗。只有在它吃饱之后，才会将位置让给别人，后者随即便霸道地占有了这片已经残缺的梨片。笼中的食客就这么一个接一个地飞上去吃上一番。酒足饭饱之后，大家就用大颚尖挠挠脚掌，用爪子蘸点唾沫擦拭额头和眼睛，随后会悠然自得地用爪子抓住网纱或躺在沙地上，故作沉思地消化。

白天，多数时间它们都是酣睡，特别是在炎热的季节，就更会这样。在日薄西山、夜幕降临之后，这群家伙便兴奋起来了。九点钟左右时，折腾最欢，上蹿下跳，毫不安宁。

雄性绿蚱蜢有的在这边，有的在那边，鸣叫着，使用触须挑逗路过的雌性。那些未来的妈妈们半抬着佩刀庄严地踱着步子。对于那些猴急的狂热雄性而言，交配可是眼前的大事。有经验者一看便了解它们想做什么。

这亦是我所观察的主要内容。我的愿望得到了满足，但并不充分，因为下面的婚礼拖得太晚，我未能看到最后的一幕。那最后的一幕通常要等到深夜或凌晨。我所看到的那一点点仅仅局限于没完没了的序幕那一段。热恋中的情侣面对面，几乎头碰头地使用各自的柔软触须相互触摸，相互试探。它们仿佛两个用花剑击来击去以示友好的对手。雄性时不时地鸣叫几声，使用琴弓拉上几下，此后便寂然无声，可能因为过于激动而无法继续下去。晚上

名师指津

作者用拟人的修辞手法将这对情侣描写得十分恩爱。在字里行间，我们感受到了作者那种对万物的珍爱和赞美之情。

英语学习馆

重点词语：美丽：beauty ['bju:ti]；

猎手：hunter ['hʌntə(r)]

相关词组：美容产品：beauty products；

好猎手：good hunter

读书笔记

十一点了，求爱依旧没有结束。我实在是困乏得很了，颇为遗憾地留下了这对情侣回去休息。

次日清晨，雌性产卵管根部下方吊挂着一个奇特的东西，这就是装着精子的口袋，仿佛一只乳白色的小灯泡，有天平砝码差不多大小，隐约地分为数量不多的长圆形囊泡。在雌性绿蚱蜢走动时，那小灯泡挨着地，粘上些许沙粒。不久，它将这个受孕的小灯泡当作盛宴，慢慢地把其中的东西吸尽，然后咬住干薄皮囊，长时间地反复咀(jǔ)嚼(jué)，最后才全部吞咽下去。没半天工夫，那乳白色的赘(zhuì)物就全消失了，就连渣渣沫沫都被它美滋滋地吃光了。

这种难以想象的盛宴仿佛是从外星球传入的，它与地球上的宴席习惯全然不同。蚱蜢类昆虫确实属于一个奇特的世界！它们属于陆地动物中的最古老的动物物种之一，并且和蜈蚣以及头足纲昆虫一样，是古代习性沿用至今的一个显著代表。

拓展阅读

绿蚱蜢是一个凶猛的捕食者，就像雄鹰一样，甚至更盛一筹，对待猎物是那样的冷峻、高傲、自信。作者在文中详细介绍了蚱蜢的生活习性，读者在感叹作者细致入微的观察的同时，不禁感慨大自然的神奇造物。

对比：也叫对照，是把两个相反、相对的事物或同一事物相反、相对的两个方面放在一起，用比较的方法加以描述或说明。在文学理论上，对比是抒情话语的基本组合方式之一。它把在感觉特征或寓意上相反的词句组合在一起，形成对照，强化抒情话语的表现力。作者在文章的开头将“国庆的晚会”“篝火”“音乐舞会”和“田野的虫叫声”进行对比，更加突出作者对昆虫的钟情，给人们以深刻的印象和启示。

好词

颇为遗憾　上蹿下跳　悠然自得　显露无遗　扬扬得意　开膛破肚

好句

· 绿蚱蜢也算是夜晚凶悍残暴的猎手，它向蝉扑去并拦腰将它搂住，将它开膛破肚，挖心掏肺。跳舞欢歌的背后，竟然是杀戮！

· 最重要的是要将猎物控制住，这对于它们来说很容易，在晚上猎物打盹儿的时候动手就行了。只要被夜巡的凶猛的蚱蜢撞见的蝉都难免惨死。

· 绿蚱蜢就如同英国人，它非常钟情于在上面浇着果酱的牛排。这或许便是它为何一旦抓了蝉，便往往会将蝉开膛破肚的原因了，因为它肚子里满是裹着果酱的鲜美肉食。

· 由于害怕别人争抢，它便会踢腿蹬脚，以防别人靠近，自私自利显露无遗。只有在它吃饱之后，才会将位置让给别人，后者随即便霸道地占有了这片已经残缺的梨片。

· 它们仿佛两个用花剑击来击去以示友好的对手。雄性时不时地鸣叫几声，使用琴弓拉上几下，此后便寂然无声，可能因为过于激动而无法继续下去。

· 它将这个受孕的小灯泡当作盛宴，慢慢地把其中的东西吸尽，然后咬住干薄皮囊，长时间地反复咀嚼，最后才全部吞咽下去。没半天工夫，那乳白色的赘物就全消失了，就连渣渣沫沫都被它美滋滋地吃光了。

大孔雀蝶

早期，大孔雀蝶的交配与繁殖一直是个谜，作者在当时有限的条件下对其进行了细致的研究和观察。现代科学研究表明大孔雀蝶是靠气味进行交流、传递信息的，那作者所研究的结果是否也是如此呢？只要你认真阅读就一定能够找到答案。

这个夜晚真叫人难忘。我叫它“大孔雀蝶之夜”。

大孔雀蝶，有谁不晓得这名满天下的美丽蝴蝶呢？它是欧洲最大的蝴蝶，身着栗色天鹅绒外衣，系着白色的毛皮领带。它的翅膀上散布着灰色和棕色的斑点，浅色的之字形线条从中间穿过，四周呈现烟灰白色的边，翅膀中央有一个圆形斑点，仿佛一只黑色的大眼睛，瞳仁中闪烁的

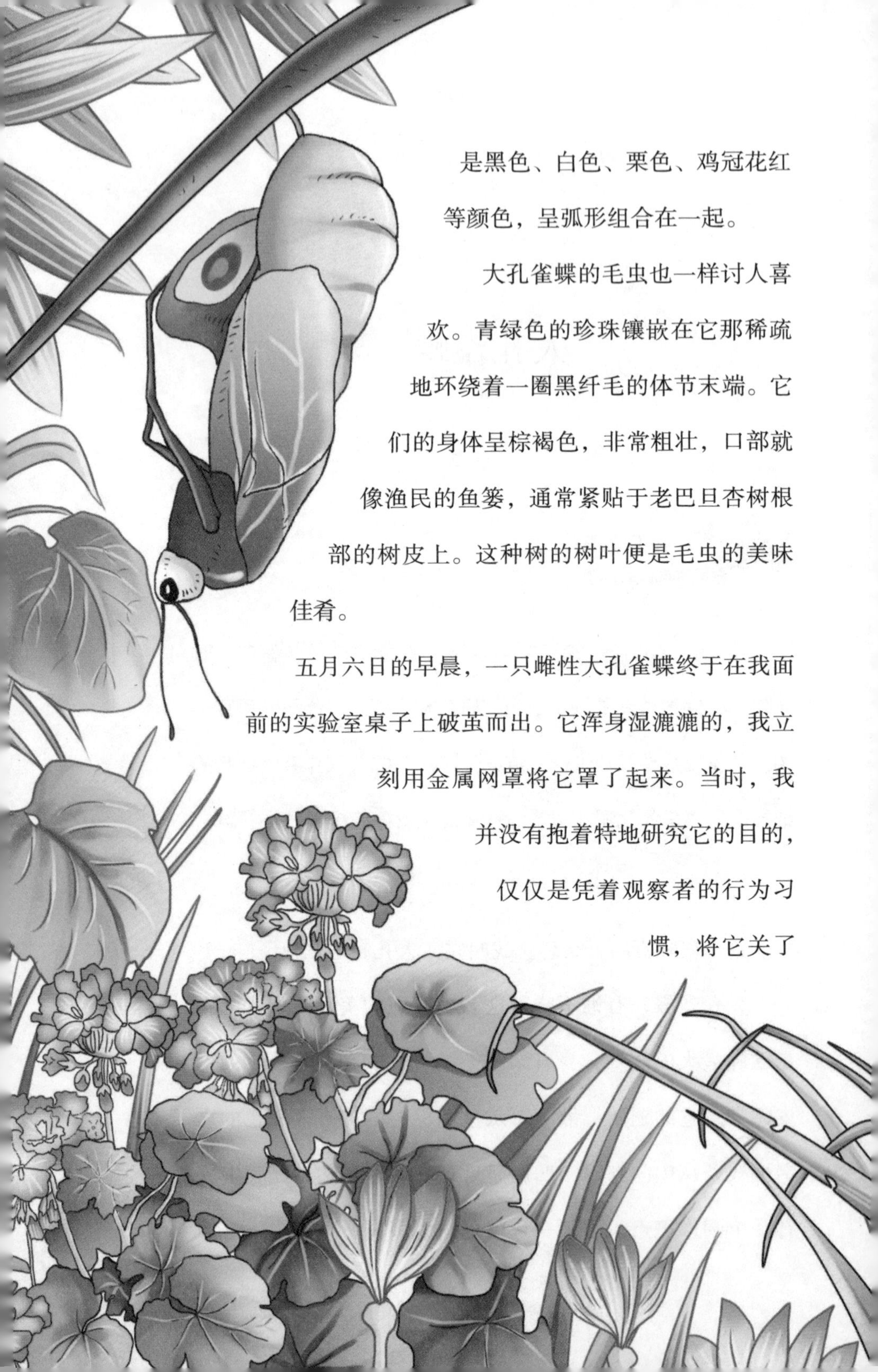

是黑色、白色、栗色、鸡冠花红等颜色，呈弧形组合在一起。

大孔雀蝶的毛虫也一样讨人喜欢。青绿色的珍珠镶嵌在它那稀疏地环绕着一圈黑纤毛的体节末端。它们的身体呈棕褐色，非常粗壮，口部就像渔民的鱼篓，通常紧贴于老巴旦杏树根部的树皮上。这种树的树叶便是毛虫的美味佳肴。

五月六日的早晨，一只雌性大孔雀蝶终于在我面前的实验室桌子上破茧而出。它浑身湿漉漉的，我立刻用金属网罩将它罩了起来。当时，我并没有抱着特地研究它的目的，仅仅是凭着观察者的行为习惯，将它关了起来，因为我关心的是以后发生的事情。

幸好这样做了。在晚上九点左右，家人都进入梦乡的时候，我隔壁房间突然响起一阵乱哄哄的响声。几乎没有穿衣服的小保尔像发疯似的来回走动，蹦跳跺脚，将椅子打翻。“快来呀，”他大声叫唤着我，“赶紧来看这些蝴蝶呀，像鸟儿一样大！房间里都快飞满了！”

我急忙奔过去。无怪乎孩子会如此兴奋，如此乱喊乱叫。房间里到处是从没有见过的不速之客，是一群巨大的蝴蝶。其中四只已经被保尔抓住，关在鸟笼里，其余的全都在天花板上飞来飞去。

咬文嚼字

不速之客：指没有邀请而自己来的客人。

我马上想起了早晨被我关起来的雌性大孔雀蝶来。“快穿好你的衣服，孩子，”我对着儿子说，“将你的笼子放在那儿，跟我来。带你去看看稀罕玩意儿。”

我们往下走，向住宅右侧的实验室奔去。经过厨房时，保姆早已被眼前发生的奇观弄得惊慌失措。她正在用她的围裙驱赶一些大蝴蝶，开始时她还以为它们是蝙蝠呢。这样看来，大孔雀蝶几乎已经占据了我的整间住宅。它们肯定是那只被囚禁着的雌蝴蝶招来的，知道女囚那里现在是什么样了。还好，实验室的两扇窗户有一扇是敞开的，道路没有堵塞。

我们手里举着蜡烛，冲入房间。眼前的情景让我们终生难忘。一群大蝴蝶轻轻拍打着翅膀，在钟罩与天花板之间飞来飞去。它们向蜡烛扑过来，翅膀扇了一下，蜡烛熄灭了。它们又向我们肩头扑来，钩住了我们的衣服，轻轻地擦着我们的面孔。这屋子简直像极了巫师招魂的巢穴，成群的蝴蝶正在飞舞。可能是为了壮胆，小保尔紧抓住我的手，比平时用的力大得多。

它们究竟有多少只呢？差不多有二十来只。要是加上厨房、孩子们的卧室以及其他房间的，总数会有四十来只。如我在前面所说，这是一次无法忘却的大孔雀蝶之夜。它们不知是从何处得知这一消息的，自四面八方赶来。其实，那应该是四十来个情郎，急着性子赶来向今晨在我实验室诞生的神秘女子表示爱意的。

今天，我们就不要再打扰这一大群追求者了。一些冒失者已经被烛火烧伤了一部分身体。明天我将会事先准备好实验的问题，再进行研究。

现在，我们首先要整理一下思路，来聊聊我这一个星期里所观察到的反复出现的情形。事情每次都发生于晚上八点到十点之间，蝴蝶们陆续飞来，哪怕暴风雨即将来临，天空一片漆黑；或者是在露天，在花园里没有树木遮挡的地方，早已伸手不见五指。

对于这些到访者来说，除了漆黑的夜，我的住所也难以进入。我的房子掩映在高大梧桐树下；屋前是一条两边长着茂密的丁香和蔷薇的甬道；房子前还种着一排松柏，以阻挡夏季干旱而强烈的西北风。最后大门不远处也有一道小灌木丛形成的壁垒。大孔雀蝶若想赶到朝圣地就必须在漆黑的夜晚穿越这杂乱的树枝屏障，左右闪避，迂回前进。

类似这样的情况，连猫头鹰都不敢贸然闯进来。而长着复眼的大孔雀蝶比大眼睛的猫头鹰技高一筹，毫无顾虑地奋力向前，安全通过。它们来回曲折地飞翔着，方向把握得十分好，因此即使要翻越重重的阻碍，到达的时候依旧精神抖擞，没有一丁点儿擦坏大翅膀。在它们看来，黑夜与白天没有什么不同。

但是，哪怕我们认为大孔雀蝶可以看到一些普通视网膜所不可及的某些视野范围，这也不能成为它们可以隔着遥远的距离获得消息并飞来的原因。遥远的距离和中间的隐蔽物必定使这种视线不能发挥作用而看见工作室中的雌蝴蝶。换句话说，除非光的折射造成迷路——但这里并没有折射的现象——否则，大孔雀蝶会直接扑向见到的东西，因为光线的指引是十分准确的。实际上，大孔雀蝶时常也会犯错误，并不是大方向的错误，而是诱惑它前去的所发

名师指津

有些昆虫趋光性特别强。在夏末秋初我们都有这样的感受，一旦在晚上你开着一盏灯或者点一支蜡烛，那么好多昆虫都会不请自来。

生事情的精确地点。孩子们的卧室在实验室的对面，而实验室才是来访者的目的地；但在我拿着蜡烛冲进去前，那里已经满是大孔雀蝴蝶了。我猜应该是它们弄错了信息。厨房也有这样一群满腹狐疑的蝴蝶；因为一盏明灯在那里，对于夜晚活动的昆虫来讲这就是一种不可抗拒的引诱，足以让它们偏离目标。我们仅考虑无光的地方吧，在这样的地方迷路的蝴蝶不计其数，在它们要去往的目的地附近基本上到处可见。

所以，当被囚的雌蝴蝶在我的实验室时，蝴蝶们不一定全部是直接从靠谱的通道——敞开的窗户飞进来的，那通道距离钟形罩下的女囚也不过几步远。有些蝴蝶是从楼下飞进来的，它们在大厅的前面到处钻跑，最多到达楼梯，而楼梯的尽头是一扇关着的门。此类信息表明，前来求爱的大孔雀蝶们并不是和像一般光辐射指导它们所做的一样，直接向目标奔去。一定有什么东西在较远的地方发出信号，引导它们到达地点附近，然后让它们通过模糊的寻找和迟疑做出精确的判断。我们经过听、味两觉获取的资料基本上也是这样，当要搞明白声和味的来源时，听觉和味觉只能找出大致方向。

发情期的大孔雀蝶到底是依照哪一种感觉器官呢？人

们猜测是它们的触须。雄性大孔雀蝶的触须好像的确是用来探觉。那这些漂亮的羽毛是一般的饰物呢，还是帮助求爱者感知气息，为它们指引方向？我们不如做一个具有说明性的实验。

发生入侵的第二天，我在实验室里找到了八位昨日的访客。它们在那关着的第二扇窗户的横档上盘踞着，动也不动。别的在一场尽情飞舞之后，在昨夜十点的时候从进来的那个地方——也就是日夜开着的那扇窗户——飞走了。这八只顽强不

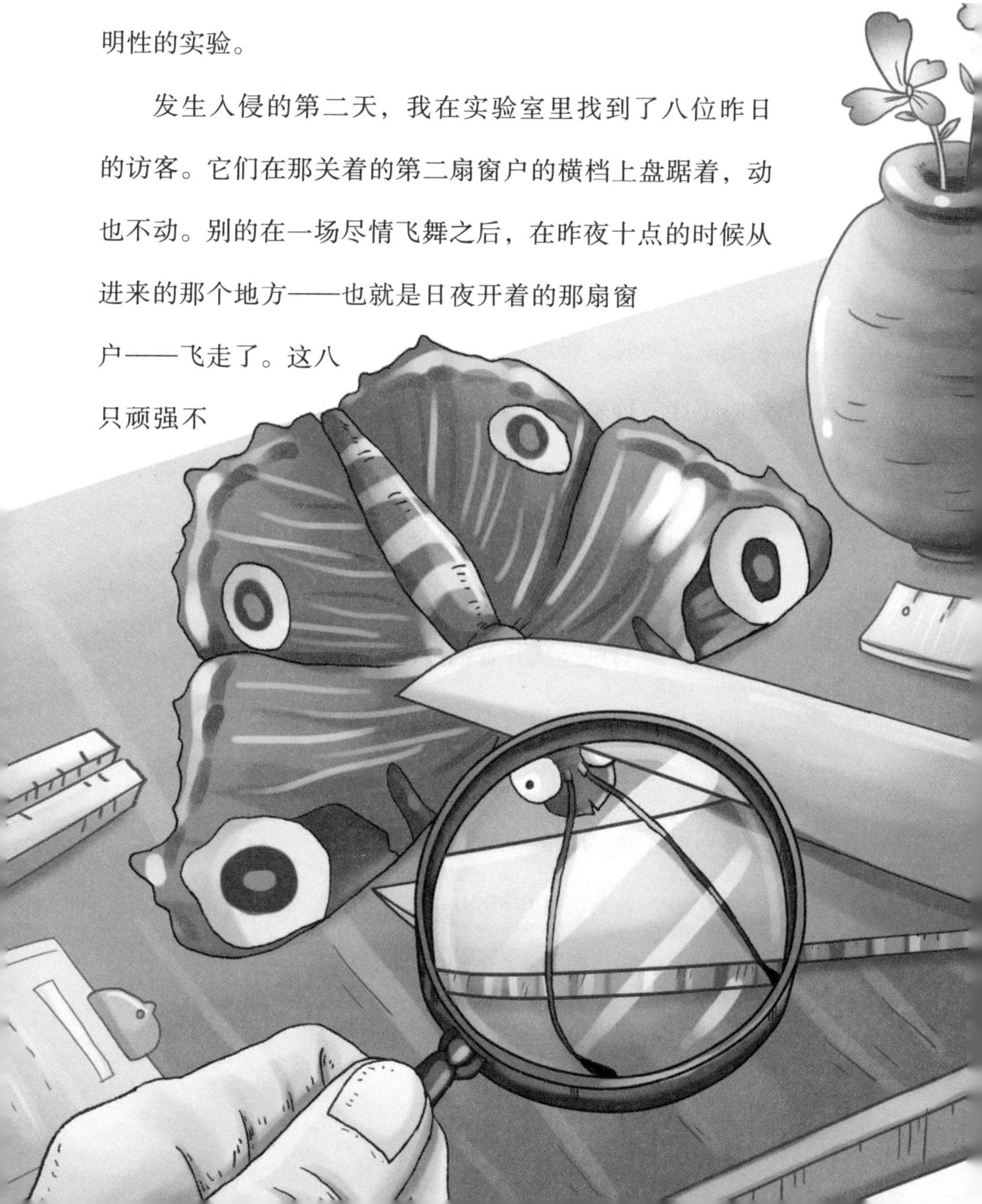

屈者就是我用来做实验所必需的。我用小剪刀将大孔雀蝶的触须从根部剪掉，但不触及它们身体的其他部位。它们对这种手术一点反应也没有。谁都没动，只不过轻轻扇动了一下翅膀。情况很顺利，它们的伤口没有什么大碍，没有一只蝴蝶因疼痛而发狂。这对我的实验计划是再好不过了。一天结束了，它们依旧静静地丝毫不动地在窗户的横档上待着。

还有几件事情要做，尤其是当被剪掉触须的大孔雀蝶在夜晚活动时，要给女囚换个地方，不能让它在求爱者们的眼皮底下待着，以保证研究结果的真实性。于是，我将钟形罩和女囚换了家，把它安置在住宅另一边的门廊下的地上，和我的实验室有五十米远左右。

夜色下沉，我最终查看了一下我那八只做过手术的大孔雀蝶。六只已经从开着的那扇窗户中飞走了，其余的两只掉在地板上，我将它们迎面朝天地翻过来，它们已毫无

英语学习馆

重点词语： 窗户：window [ˈwɪndəʊ]；

手术：operation [ɒpəˈreɪʃn]

相关词组： 汽车窗户：car window；

动手术：have an operation

力气、奄奄一息，无法转动自己的身体了。但别怪罪我的手术不好，哪怕我不用剪刀剪掉它们的触须，它们也一样会变老衰亡的。

那六只大孔雀蝶精力旺盛地飞走了。它们还会飞回来找寻昨天诱惑它们的诱饵吗？它们触须没了，还可以找到如今已远离原来地方的钟形罩吗？

钟形罩在黑暗之中放着，基本上是在露天地里。我经常提着一盏灯和一个网跑去看看。我捉住了来访者，一一辨认，分类，并立刻放到被我关上门的相连的一间屋子里。这样能够确切地计算雄蝴蝶的数量，避免同一只蝴蝶被计算好几回。此外，暂时的囚室空荡敞亮，绝不可能损伤捉到的蝴蝶。在今后的研究中，我将采纳同样的安全举措。

夜晚十点半，再没有造访者前来。实验结束了。共捉到二十五只，其中仅有一只是没有触须的。昨天动过手术的那六只大孔雀蝶，体强身壮，得以飞离我的实验室，重归野外；而其中有一只回来追寻那只钟形罩。我既不敢肯定也不敢否定触须的导向作用。让我们再做一个规模更大的实验。

第二天早晨，我去观察前一天被抓到的俘虏们。我看见的情况无法让我欢喜欣慰。很多蝴蝶都掉在地上，毫无

生气了。我发现如果用手指去捉，一些蝴蝶只能勉强露出生命迹象。对于瘫痪的蝴蝶，我还抱什么希望呢？还是尝试一下吧。也许到了寻欢求爱的时刻，它们又会恢复生气的。

新来的二十四只大孔雀蝶接受了触须切除手术。之前被剪掉触须的那一只不在其中，它已濒临死亡。最后，在这一天其余的时间里，监狱的大门是开着的，谁想离开就离开。谁有能力就回来参加晚上的婚庆。为了让飞走的蝴蝶接受实验，那只钟形罩又一次被我转移了地方。现在，我把它放置在一楼对面那侧的一个来去自由的房间里。

被剪去触须的这二十四只蝴蝶中，只有十六只飞去了外面。有八只已全身无力了，不一会就将死在这里了。那飞走的十六只，有几只能在夜晚归来围着钟形罩飞舞呢？没有一只。那天晚上，我只擒住七只，全部是羽饰完好的新来者。这一结论好像表明，剪掉触须是比较严重的事。但是，我还不想过早地下结论，因为还有一个十分重要的疑点。

名师指津

对于实验的结论，作者十分严谨、慎重。这是每一位科学工作者所必须具备的高贵品质，非常值得我们学习。

刚被人无情地割去耳朵的小狗莫弗拉说：“看我现在的样子多好看！我仍然敢出现在其他狗的面前！”我的蝴蝶们是不是也有小狗莫弗拉那样的感知呢？如果没了美好

的装扮，它们就不敢出现在情敌们面前向雌性表达爱意了吗？ 它们这是在惶恐吗？是它们没了导向器官的缘故吗？难道是由于它们等那么久却没结果所导致，它们的狂热只是暂时的？实验将阐释我们的疑惑。

第四天夜里，我抓住没有来过的十四只雄蝴蝶，并将它们先后关在同一房间里，它们会在里边过夜。接下来的一天，趁它们白天休息，我剪掉少许它们前胸的绒毛。剪走这样一丁点毛对它们基本无伤害，因为这类丝质的绒毛会很轻松地长出来；这样不会伤到它们要回到钟形罩前所必需的器官。对于被剪去绒毛的蝴蝶来说，这不算什么；而对于我来讲，这是认出重新来访的大孔雀蝶的关键标志。

精疲力竭、不能飞舞者，这一次没出现。夜里，被我剪毛的那十四只飞回了郊外。当然，钟形罩再一次换了地方。两个小时过去，我捉住二十只蝴蝶，其中只有两只剪过毛的。至于前天夜里被剪去触须的大孔雀蝶没有出现一只。

在有剪过毛标志的十四只蝴蝶中，仅有两只飞回来了。其余那十二只既然有探测的导向器和触须羽饰，可为何没能归来呢？还有，为何在囚禁了一夜过后，会出现这样多

的体力不支者呢？对此我仅有一个解释：雄蝴蝶们被强烈的交配欲望折磨得精疲力尽。

为了“结婚”这唯一的生存目标，大孔雀蝶有一种独特的天赋。它能飞过漫长的距离，穿越黑暗，冲破阻碍，发现自己心中的那个人。两三个夜的时间里，它用几个钟头去寻找爱人并与之调情。但如果没能达到，所有的都将完蛋：非常精准的罗盘不灵了，十分亮堂的导航灯灭了。那活着还有什么意思呢！所以它就在角落里蜷缩着，忧郁无欢，长眠不醒。

咬文嚼字

罗盘：测定方向的仪器，由有方位刻度的圆盘和装在中间的指南针构成。飞机、船舶上使用的还配有提高精度的复杂装置，叫作罗经。

百折不挠：无论受多少挫折都不退缩，形容意志坚强。

大孔雀蝶仅是为了繁衍后代才作为蝴蝶存在的。它一点都不知道进食是什么事情。其他种类蝴蝶是开心的美食家，在花丛里载歌载舞，展开螺旋状的吸管，插进甜美的花冠；而大孔雀蝶就是个百折不挠的禁食者，它一点都不受胃的驱使，不用进食就可恢复体力。它的口腔器官仅是徒具样式的装饰，并不是用作吃饭的工具。它的胃里从来没进过一点食物，假如它生命不是这么短暂的话，这可是个很好的优点。如果打算灯火久明就不得不给它添油，大孔雀蝶则拒绝添油，因此它不能活得长久。仅有两三个夜，刚好够它和配偶交欢配对，仅此而已：大孔雀蝶也算享受生活了。

那剪去触须的大孔雀蝶一去不复回又是怎么回事呢？

是不是在证实，失去了触须，它们就不能再找回那只雌蝴蝶呢？绝对不是这样的。就像被剪掉毛全身损坏却丝毫无碍的蝴蝶一样，它们的不归也是在宣布自己的寿命已经终结了。不论它们的身体支离破碎或是健全，都因年纪大起不到作用了。它们存不存在一点意义也没有了。因为实验所必要的时间不富余，我们没法懂得触须的作用。这样的作用之前是个谜，未来依然是一个谜。

名师指津

大孔雀蝶的寿命是短暂的，但是它们要在短暂的生命中全力去繁殖下一代。

我关在钟形罩下的那只雌性大孔雀蝶活了八天。它依照我的意思，每晚在不一样的角落里居住，为我招来数目不一的来访者。我拿着网任意抓捕，接着立刻把它们关进封闭的房间，让它们过夜。第二天，它们至少要被我在胸部剪去些羽毛，作为记号。

这八天里来访者的数字达到一百五十只。想到此后两年为了取得继续这项研究所用的资料，我要竭尽全力地去找寻活物，这个数量可真让人目瞪口呆了。大孔雀蝶的茧在我家周围不能说没有，可至少是非常少见。因为毛虫的栖息地——老巴旦杏树不是很多。那两年的冬季，我逐一对这些衰老的树进行了检查，可我数次都毫无收获地归来！所以，我的那一百五十只大孔雀蝶是从很远，大概是从周围两公里之外甚至是还要更远的地方飞来的。它们是怎样知道我实验室里的状况而前来的呢？

在远距离信息传递中，有三个元素能够被感知：光、声音以及气味。大孔雀蝶从开着的窗户飞过来以后，可以说视觉在引导着它。但在此前，在陌生的屋外，说大孔雀蝶有神奇而锐利的眼睛，能看到墙后的东西，这就不够了；还必须承认它拥有灵敏的视觉，可以在几公里远的距离之外完成这样的奇迹。这些说法都是荒谬的。我们还是谈其他的吧。

声音一样和这个没关系。胖胖的雌性大孔雀蝶即使可以从远远的地方吸引来情人，可它却是默默无声的，连最机灵的耳朵也不能听见它的声音。说它芳心萌动、热情洋溢，大概能用极为灵敏的麦克风听得到。严肃地说，这不是不可能的。可是，不能忘了，来这里的雄性蝴蝶是在相当远的距离外取得信息的。在这样的状况下，我们就不必考虑声学因素了；否则的话，就是因为寂静，才让周围的雄蝴蝶们激动起来。

英语学习馆

重点词语： 信息：information [ˌɪnfəˈmeɪʃn]；

锐利：sharp [ʃɑːp]

相关词组： 收集信息：collect information；

锋利的牙齿：sharp teeth

最后就是气味了。在感官世界里，气味的发散，比别的东西更可以说明：为何蝴蝶们会稍作疑问以后，就个个前来追随招引它们的那个诱饵。是不是的确拥有这样一类相似于我们叫作气味的散发体呢？但这样的散发我们绝对感觉不到，却能被比我们嗅觉更敏捷的昆虫所感知。我们得进行一个实验，这实验非常容易，就是掩藏起这些散发物，用一种更浓烈更耐久的气味主宰嗅觉。极为强烈的气味可以压制微弱的气味。

我在雄蝴蝶晚上要到达的房间里事先撒了些樟脑。在雌性大孔雀蝶周边，我又放了一只盛满樟脑的阔大圆底器皿。雄性大孔雀蝶来访时，只要在房间门口，就可以闻到樟脑味儿。但我的妙招没能达到效果。大孔雀蝶们同平时一般，如期而至。它们进入房间，好像在没有任何气味干扰的情况下，越过那股很浓的味道，方向精准地向钟形罩驶去。

名师指津

难道大孔雀蝶不是靠气味找到对方的吗？这就给读者留下了疑问。

因此我对气味的作用动摇了。话说回来，我如今也不能再接着实验了。第九天，雌蝴蝶因久等无果，已精疲力竭，死了。雌性大孔雀蝶没了，也就没事可做了，只能待到来年再说。

这一回，我将准备一些防御举措，储藏了足够的必需品，为的是如我所愿地复制已经干过的，以及做我打算去做的实验。说做就做，不需要延迟了。

盛夏里，我以每只一个苏的单价买了许多大孔雀蝶毛虫。我的几位隔壁小朋友——我平时的供货者们——对这样的交易十分感兴趣。每当星期四，他们在做完那让人讨厌的动词变位的学习以后，就跑向田间和山坡，搜着数条大毛虫，用小棍子尖端挑着送给我。这些小家伙不敢碰毛虫，当我如他们抓常见的蚕那样用手指抓住毛虫时，他们全惊呆了。

咬文嚼字

苏：法国旧辅币，二十个苏相当于一法郎。

我用巴旦杏树的枝叶喂毛虫，没两天就有了许多上等的茧。冬天，我又在老巴旦杏树根部全神贯注地找寻，最后取得了很好的收获，补足了茧的储备。有些对我的研究很感兴趣的好友也前来助我。最终，通过四处寻找、寻人代捉、细心饲养等方式得到了很多的茧，其中较大、较重的十二只是雌性的。

可是，一场挫折在等待着我。天气千变万化的五月到来了，将我的汗水化作乌有，让我心疼不已，不曾开颜。就像秋走冬临，刺骨的寒风把梧桐的树叶击落一地。此刻如同地冻天寒的十二月，夜间不得不生上旺火，穿得厚厚的。

我的大孔雀蝶也遭受着煎熬。卵孵化得很迟，而且孵出一群反应呆板的蝴蝶。在一个个钟形罩里，依据大孔雀蝶出来早晚顺序一只只地住了进去，可是相当少或者根本就没有外面飞进来探望的雄性大孔雀蝶。在周边倒是有一些，因为我搜集的长着好看羽饰的实验用雄性大孔雀蝶，一旦孵化出来，分辨准确以后就会马上放到园子里。可是，不论远近，飞进来的都相当少，并且即使飞来也没精打采的。

或许低温与提供信息的气味散发物是相悖的吧；炎热会使它增强，而寒冷则使它削弱。这一年的工夫算是白费了。唉！这种实验真不容易呀，它受到某一季节变换的快慢和反复无常的制约！

我开始进行第三次实验。我漫山遍野地去找寻虫茧。五月份到了，我收集很多了。这一次的天气正好适合我的要求。我再一次见到了开头让人鼓舞的大孔雀蝶入侵的盛况。

每个夜晚都有大孔雀蝶飞来，少则十几只，多则几十只。而雌性大孔雀蝶大腹便便，只是抓着钟形罩的金属网，一点反应也没有，甚至连翅膀都没抖动一下。它对周遭的事情几乎毫无反应。在这几个夜晚，我嗅觉最敏感的家人也没嗅出任何气味来，而且听觉最敏感的家人也没能听到任何声响。那只雌性大孔雀蝶一动也不动地、屏气聚神地等候着。

雄性大孔雀蝶三三两两或更多地扑到钟形罩圆顶上，

在来回地飞着，不间断地用翅尖敲打着圆顶。它们之间并没因你争我抢而相互搏斗。每只雄性大孔雀蝶都竭尽全力地想闯进钟形罩中，看不到它们对别的献媚者有一丁点的醋意。白费工夫地尝试了一番之后，它们厌倦地飞走了，加入了正在飞舞的蝶群中。有几只彻底无望的从那扇开着的窗户飞走了，一些后来的蝶很快就代替了它们。在钟形罩的圆顶上，直至晚上十点，还有蝴蝶不停地试着闯进。

名师指津

这段话描写的是雄性求偶的过程。雄性大孔雀蝶个个希望得到雌性的接受，彼此间没有相互排斥，只是在公平竞争。这样的描写使整个过程看起来更生动，更真实。

钟形罩每天夜里都被我挪来挪去。我把它放在北面或南面；放在楼下或楼上；放在居所右侧或左侧五十米之外；放在露野或一间偏僻小屋。这一

番神不知鬼不觉的折腾，连研究人员有时都找不到，但蝴蝶却从没被欺骗过。我徒劳无获地浪费了时间和想法，没有难住它们。

这也不是对地方的记忆在起作用。就像前一天夜里，那只雌性大孔雀蝶被搁放在居所的一间房里；羽饰漂亮的雄性大孔雀蝶就到这个房间飞上两个钟头，甚至还有少许在那儿待了一夜。第二天傍晚，待我转移钟形罩时，雄性大孔雀蝶已经全在屋外了。即使寿命瞬间消失，但最新来的大孔雀蝶依旧有能力做第二次，甚至是第三次的夜晚远途而来。这些仅能活数日的家伙最先会飞去哪里呢?

它们晓得昨晚幽会的准确地点。我还认为它们会依靠记忆飞回那里；当它们发觉那里物是人非时，就转变方位接着找寻。可现实不是那样。它们谁也没再次在昨夜去的地方出现，更不用说停留片刻，记忆在它们身上仿佛没有一丝的滞留。一个比记忆更管用的向导把它们“召唤”到别的地方去了。

在此以前，雌性大孔雀蝶始终在金属网眼里待着。那些来访者的目光哪怕在漆黑的夜里也是灵敏的，它们凭借黑暗里的一点微光也可以看到雌性大孔雀蝶。假如我把雌性大孔雀蝶关到看不见的玻璃罩中，那将会出现什么情况呢？这种看不见的玻璃罩能让提供信息的味道无法随意发

散或全部制止吗？

咬文嚼字

电磁波：在空间传播的周期性变化的电磁场。无线电波和光线、x射线、γ射线等都是波长不同的电磁波。有时特指无线电波。

如今，物理学使我们能够研发出利用电磁波的无线电报了。大孔雀蝶在此方面是不是领先了呢？为了激起四周的雄性大孔雀蝶，通知数公里之外的寻爱者，方才孵化的雌性大孔雀蝶莫非已使用了我们已知的或未知的电波或磁波呢？这些电波或磁波可能会被一些屏障阻隔，却也能通过另一些屏障。总之，它是不是依照它的方式使用哪种无线电报呢？我感觉这不是没可能的。昆虫都是习惯于不可思议的发明创造的。

因此，我把雌性大孔雀蝶放到不一样材质的盒子里。有白铁的、木头制的、硬纸壳的。我将它们全都关得严严实实，甚至用上了油性的泥封。我还在一小块玻璃的绝缘柱上摆放了一只玻璃钟形罩。在这种封闭的情况下，一只大孔雀蝶也没有飞来，即使夜晚寂静凉快、气候清爽。不管是何种材质的密封盒——玻璃的、木质的、金属的，还是硬纸壳的，都使带有信息的气味无法散发出来。

产生了同样效果的还有一层两横指厚的棉花。我把雌性大孔雀蝶放入一只大大的颈短口大的瓶里，用棉花塞住了瓶口，塞得很紧。如此周边的雄性大孔雀蝶就无法知道我实验室里的机密了。最终一只大孔雀蝶都没出现。

相反，我不把盒子紧封，让它稍微开着点，再把这么多的盒子放到一只抽屉里，或是装到大衣橱里，可即使这样藏来藏去，雄性大孔雀蝶依然能蜂拥而至，多得如同明显地把钟形罩放在桌子上一般。记得有一天，我把雌蝴蝶关在帽盒里，藏到壁橱里，并将壁橱的门关上。雄性大孔雀蝶们来到门前，朝壁橱门扑去，渴望闯入。这些路过的朝圣者穿过田野来到这儿，它们非常明白藏在门后的是什么。

咬文嚼字

蜂拥而至：像一窝蜜蜂似的齐拥而上。形容很多人乱哄哄地一齐拥上来，杂乱无章。

所以，一切类似于无线电报的通讯方式的解释都不能奏效，因为一道屏障一旦出现，不论它的传导性是好还是差，就立刻阻断了雌性大孔雀蝶发出的信号。要使信号一路畅通，传得很远，必要的条件是：囚禁雌性大孔雀蝶的囚室不可以关得太严实、无法通风，要使内外空气能够流通。这再次使我们回到存有一种味道的可能性上来，但那

重点词语： 雄性：male [meɪl]；雌性：female ['fiːmeɪl]；

棉花：cotton ['kɒtn]

相关词组： 男护士：male nurse；

女学生：female student；

棉布衬衫：cotton shirt

英语学习馆

是被我用樟脑作过的实验给排除了的。

我的大孔雀蝶的茧子已经用完，可问题依然无法解决。我还要继续在第四年进行实验吗？我放弃了，理由如下：我想追随考察一只大孔雀蝶在夜晚婚礼中的亲密动作是非常困难的。献殷勤的雄性到达目的地是不需要亮光的，而人类微弱的视力却使我在夜间离不开灯光。我至少需要一支燃烧的蜡烛，但它时常会被飞着的群蝶给扇灭。灯笼的确能够排除此烦恼，可昏暗又有阴影的光线，令我无法看得一清二楚。

不光这样，灯的亮光还可使蝴蝶的注意力从它们的目标身上引开，使它们不能成其好事。而且照得时间越长，对整体的晚会影响越厉害。到访者一飞入屋内，便疯子一样地向火光扑去，导致烧损身上的绒毛，如果因被烧坏而疯狂，就无法提供可靠的证据了。假设它们没被烧到，被玻璃罩隔在外面，它们就会落在火光周边，也会像被施了魔法一样一动不动。

名师指津

作者在这里连续运用了两个比喻句凸显了大孔雀蝶对亮光的痴迷。

有一天夜里，雌性大孔雀蝶被搁置在餐厅的一张桌子上，正对着开着的窗户。装有白色搪瓷反光的宽大灯罩的煤油灯点亮了，有两只到访者落在钟形罩的圆顶上，在女囚面前表现出迫不及待的样子，另外七只到访者则向雌蝴蝶稍微致意一下，便朝煤油灯扑去。盘旋一会以后，它们被搪瓷灯罩的反射光照得迷迷糊糊的，贴在灯罩下面如沉醉般一动不动了。孩子们伸出手打算抓住它们。“不要动，”我喊，“不要动！别惊吓到它们，别打搅这些来此朝圣的宾客们。”接连两天它们都在原地待着，不曾动弹。对亮光的迷恋使它们忘掉了自己的爱情。

对着这些迷恋亮光的客人，准确而长时间的观察是不可能开展的，因为观察者需要灯光，所以我舍弃了对大孔雀蝶及其晚间婚礼的观察。我想得到一只习性不一样的蝴蝶，它得如同大孔雀蝶一样勇猛地去幽会，但还要在白天幽会。在用一只符合上述要求的蝴蝶开展研究以前，暂时先不考虑时间的先后顺序，讲一下我完成对大孔雀蝶的研究后飞来的最后一只蝴蝶的事情，那是一只小孔雀蝶。

有人帮我得到一只很不错的茧，上面裹着一层宽大的白色丝套，丝套上有许多不规则的褶皱。我从丝套中，很轻松地抽出一只体积很小但外表形状像大孔雀蝶的茧。我发现，丝套口处使用松散可聚在一起的小树枝编成网状，可以阻止它物袭击，同时又可以保证茧的主人可以出来；这是一只夜晚生活的大孔雀蝶的同类，因为丝套上有编织者的标记。

果然，三月底，圣主日那天的早晨，那只茧孕出一只

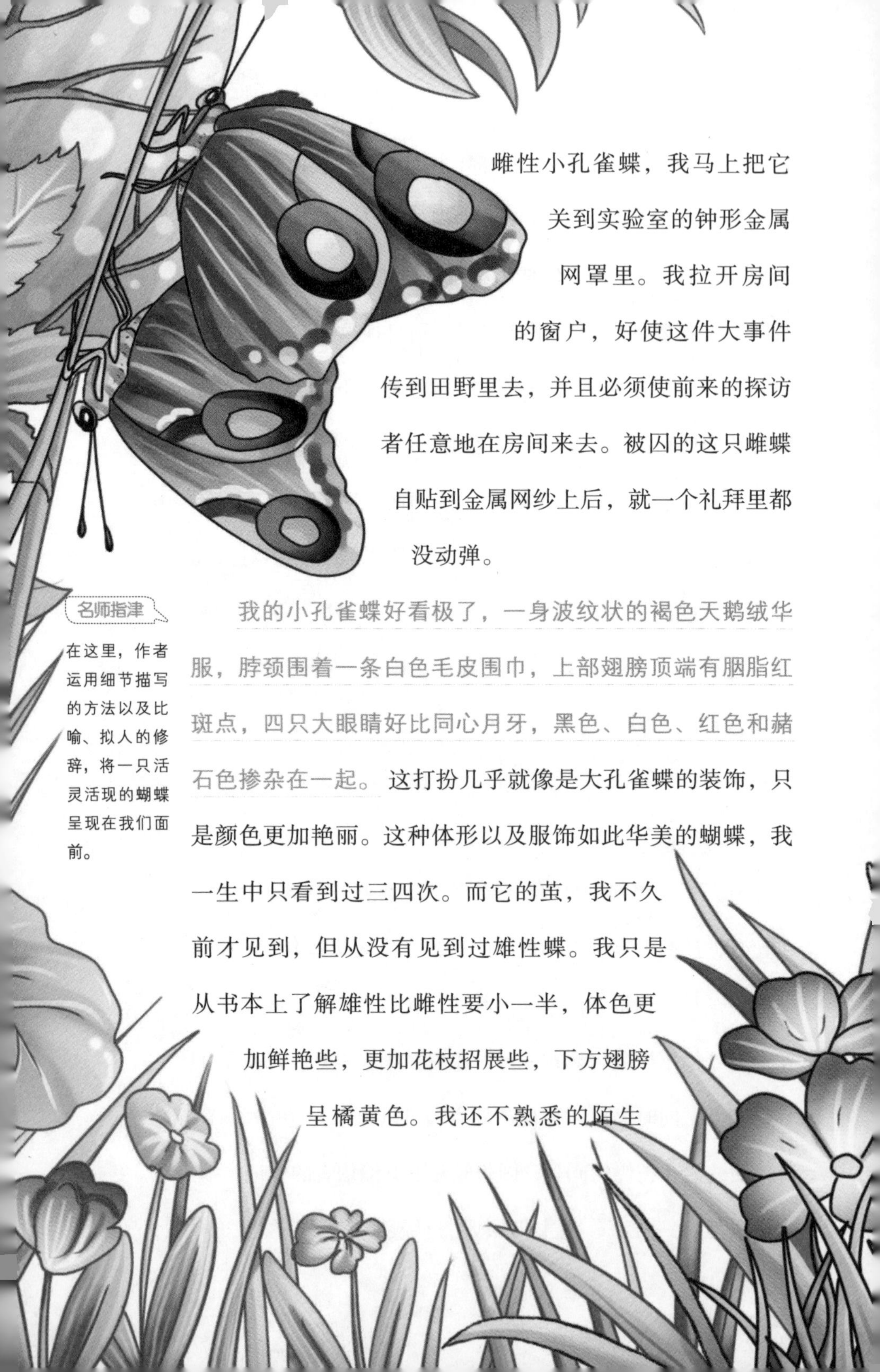

雌性小孔雀蝶，我马上把它关到实验室的钟形金属网罩里。我拉开房间的窗户，好使这件大事件传到田野里去，并且必须使前来的探访者任意地在房间来去。被囚的这只雌蝶自贴到金属网纱上后，就一个礼拜里都没动弹。

名师指津

在这里，作者运用细节描写的方法以及比喻、拟人的修辞，将一只活灵活现的蝴蝶呈现在我们面前。

我的小孔雀蝶好看极了，一身波纹状的褐色天鹅绒华服，脖颈围着一条白色毛皮围巾，上部翅膀顶端有胭脂红斑点，四只大眼睛好比同心月牙，黑色、白色、红色和赭石色掺杂在一起。这打扮几乎就像是大孔雀蝶的装饰，只是颜色更加艳丽。这种体形以及服饰如此华美的蝴蝶，我一生中只看到过三四次。而它的茧，我不久前才见到，但从没有见到过雄性蝶。我只是从书本上了解雄性比雌性要小一半，体色更加鲜艳些，更加花枝招展些，下方翅膀呈橘黄色。我还不熟悉的陌生贵客——羽饰美丽的雄蝶，它们是否会飞来呢？我们周围好像很少见到它们。在那遥远的藩篱墙内，它们能否得知在我实验室的桌子上的那只适婚雌蝶正等待着它们的到来呢？我敢保证它们肯定会前来的。看，它们飞来了，甚至比我预料的还早到了。

中午时分，我们正准备吃午饭。由于对可能出现的情况十分关心，小保尔未来用餐。忽然，他跑到饭桌前，满面通红。只见一只漂亮的蝴蝶在他的指间拍打着翅膀，它是在我实验室对面飞舞时，被小保尔一下子抓住的。小保尔递过来让我看，以目光询问我。

“哇！”我叹道，“它正是我们等待着的朝圣者呀。赶紧去看看是怎么回事，过会儿再吃吧。”

眼前的奇观让我们忘掉了吃饭。雄性小孔雀蝶们让人难以置信地按时被雌小孔雀蝶给神奇地召唤来了。它们艰难地飞翔，终于一只接一只地飞来了，此间最有价值的情况是：它们都是从北边飞来。自寒流过去，时间仅仅只有一个星期。北风依然呼啸，吹落了老巴旦杏树刚刚绽放的花蕾。这一场猛烈的风暴很无情，但它也预示着春天将要到来了。就像今天，气候突然变暖，但北风依旧在呼啸着。

在这陡变的天气中，飞来的所有雄小孔雀蝶全部都是

从北边飞进花园的。它们乘风飞来，没有一只是逆风飞行的。如果它们有与我们类似的嗅觉作为罗盘，如果它们是受分解于空气中的气味的微粒所引导的，那它们就该是从相反的方向飞来才对。如果它们是从南边飞过来的，我们就会因此认为它们是闻到风吹来的气味才寻到地方的。在北风呼啸，空气洁净，什么气味也闻不到的天气里，它们却从北边飞过来，这就推翻了我们认为的它们在很遥远的地方就嗅到了雌性小孔雀蝶气味的假设。

两个小时内，在阳光灿烂之下，造访的雄小孔雀蝶们在我的实验室门前飞来飞去。大部分都在长时间地探寻，有的撞墙欲入，有的掠地而过。看到它们如此犹豫不决，我想它们是因为找不到那个诱饵的准确位置而焦急万分。它们从遥远的地方飞来，并没有弄错方位，可到了地方却又弄不准确切位置了。不过，它们早晚会飞进屋里去向被

名师指津

这段话主要描写小孔雀蝶的寻偶过程，诙谐幽默的语言让整个过程显得轻松而愉快。

英语学习馆

重点词语： 婚礼：wedding [ˈwedɪŋ]；飞翔：fly [flaɪ]；

洁净：spotless ['spɒtləs]

相关词组： 结婚礼物：wedding present；

飞越大西洋：fly the Atlantic；

洁白的衬衣：spotless shirt

读书笔记

因的雌蝴蝶献殷情的，但它们也不会久留。下午两点钟的时候，一切都结束了。总共飞来了十只雄性小孔雀蝶。

整整一周，每当正午，阳光十分明亮时，一群雄小孔雀蝶就会飞来，但数量却在减少。前后加起来大概有四十只。我觉得没有必要重复实验了，因为不会从它们身上获得比我已知的更多的资料了，所以我只是在注意两个情况。首先，小孔雀蝶是在白天活动的，并且是在太阳最强烈的时候举行婚礼的。它们需要足够的阳光。而与它成虫的形态和毛虫的技艺接近的大孔雀蝶则完全相反，它们需要的是黑暗。这种相反的习性谁有能耐解释清楚，谁就去解释吧。其次，一股强气流从相反方向吹散可以给嗅觉提供信息的分子，但却不会像我们的物理学假设的那样，阻止小孔雀蝶飞向有气味的气流的相反的一方。

为了继续进行研究，我就需要一种在白天举行婚礼的蝴蝶，但不是小孔雀蝶，因为它来得太晚了，况且我没有问题需要它来解答。我需要研究的另一种蝴蝶，随便哪种，只要它在婚礼上敏捷灵活就可以了。我可以获得吗？

拓展阅读

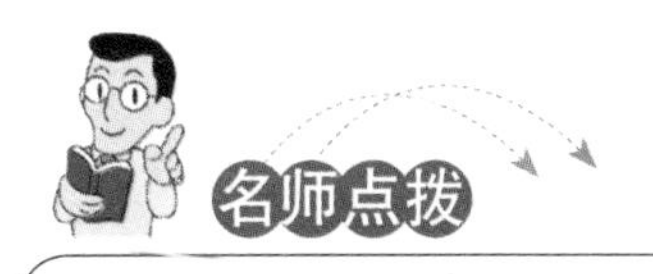

作者经过多次实验细致、深入地研究大孔雀蝶的繁殖特点。文中，作者认为大孔雀蝶之间是依靠气味来传递信息。但是科学是严谨的，作者没有轻易下结论，转而又想到了电磁波的可能性等，并不断做实验证明。由此看出，作者对科学的严谨态度，同时启示我们要实事求是，不能一知半解妄下结论。

学习要点

外貌描写： 也称肖像描写，即对人物的外貌特征，包括人物的容貌、衣、神情、体型、姿态等进行描写。肖像描写用来揭示人物的思想性格，表达作者的爱憎，加深读者对人物的印象。文中“我的小孔雀蝶好看极了，一身波纹状的褐色天鹅绒华服，脖劲围着一条白色毛皮围巾，上部翅膀顶端有胭脂红斑点，四只大眼睛好比同心月牙，黑色、白色、红色和赭石色掺杂在一起”。这样的昆虫外貌描写表现了作者对小孔雀蝶的喜爱，从心底里赞美。

好词

彻底无望　一路畅通　竭尽全力　奄奄一息

好句

・有些蝴蝶是从楼下飞进来的，它们在大厅的前面到处钻跑，最多到达楼梯，而楼梯的尽头是一扇关着的门。此类信息表明，前来求爱的大孔雀蝶们并不是和像一般光辐射指导它们所做的一样，直接向目标奔去。

・他们在做完那让人讨厌的动词变位的学习以后，就跑向田间和山坡，搜着数条大毛虫，用小棍子尖端挑着送给我。这些小家伙不敢碰毛虫，当我如他们抓常见的蚕那样用手指抓住毛虫时，他们全惊呆了。

・它们晓得昨晚幽会的准确地点。我还认为它们会依靠记忆飞回那里；当它们发觉那里物是人非时，就转变方位接着找寻。

・我把雌蝴蝶关在帽盒里，藏到壁橱里，并将壁橱的门关上。雄性大孔雀蝶们来到门前，朝壁橱门扑去，渴望闯入。

・接连两天它们都在原地待着，不曾动弹。对亮光的迷恋使它

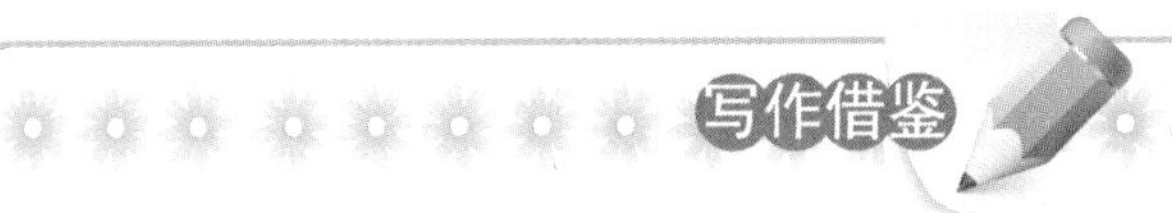

们忘掉了自己的爱情。

·其次，一股强气流从相反方向吹散可以给嗅觉提供信息的分子，但却不会像我们的物理学假设的那样，阻止小孔雀蝶飞向有气味的气流的相反的一方。

圣甲虫

母爱，不仅是人类世界一种非常伟大的感情，就是在圣甲虫身上，也同样体现得淋漓尽致。圣甲虫是一个让人惊叹的垃圾分解者，它为我们提供了美好的环境，它是以垃圾为食物吗？作者说圣甲虫是可爱而固执的，为什么要这么说？带着这些问题让我们来看下边的这一章节。

各种动物本能习性中最高级别的是做窝筑巢和保卫家庭。巧妙的鸟儿建筑师告知了我们这一点；在本能方面更加多样化的昆虫也使我们见识了这一点。昆虫对我们讲："母爱属于本能的崇高境界。"母爱旨在保障族类长期繁衍，这是远高于保护个体，更与利害息息相关的头等大事，所以母爱唤醒最迟钝的智力，使其高瞻远瞩。母爱要远高于神圣的源泉，不可思议的心智灵光就孕育其中，并能够突然迸发而出，使我们领悟到一种避免失误的理性。母爱愈坚强，本能便愈优良。

咬文嚼字

高瞻远瞩：形容眼光远大。

在这方面有一种昆虫最值得我们去关注，那就是膜翅目昆虫，其身上凝聚着最充分的母爱。它们将自己的毕生的经验和智慧都给了子孙后代，并致力于为子孙后代觅食谋屋。

它们是种种天赋才干中的好手。一些是棉织品以及许多絮状物品的编织高手；一些是编制细叶片篓筐的能工巧匠；一些属于泥瓦匠，负责建造水泥房间、砖石屋顶；一些是陶瓷行家，使用黏土制作高档的尖底瓮、坛罐以及大肚瓶；一些擅长于挖掘，在湿热的地下修建神秘的地宫。它们掌握的技艺成百上千、数不胜数，简直能够同我们人类掌握的比肩，其中有些我们甚至还不知晓，但它们却已用于居所的建造。

随后，它们便得考虑以后储备的食物：成堆的蜜，成块的花粉糕，精心造出的野味罐头……在以未来的家庭为目标的这类工程中，闪烁着母爱激励下的各种最高本能。

而在昆虫世界中，别的昆虫的母爱通常说来都较肤浅

潦草，敷衍塞责。几乎绝大部分昆虫，只是将卵产在合适的地方就放任不管了，狠心地让幼虫独自冒着受伤甚至是死亡的危险，去寻觅住所和食物。抚养如此不认真，才干如何也就无所谓了。

咬文嚼字

敷(fū)衍(yǎn)塞(sè)责：表面应付，对应负担责任搪塞了事。形容做事不用心、不尽力。

糟(zāo)蹋(tà)：①浪费或损坏。②蹂躏，特指奸污。

如果母亲从温柔甜蜜的育婴中脱离开来，那么所有特性中最优秀的智能特性便会渐渐减弱，甚至完全泯灭。因为无论是动物还是人类，家庭一直是尽善尽美的源头。若是对子孙后代爱护有加、体贴入微的膜翅目昆虫足以令我们赞叹不已的话，那么不顾子孙死活，任由其自生自灭的别的昆虫，就显得太不像话了，而这里说的别的昆虫几乎占了昆虫的大部分。在各地的动物志里，我仅见过两个例子。如采蜜的昆虫和食粪的昆虫，它们替自己的家人准备食物和建造居所。

让人感到惊讶的是，在细腻的母爱方面足以与食花的蜂类相媲美，竟然是以消灭垃圾、净化被牲畜糟蹋过的草地作为使命的食粪虫类。若是想再找到谨记妈妈职责又有丰富的母性本能的昆虫妈妈，那么请你从芬芳四溢的花坛转向大马路上骡马遗留的粪堆。自然中与此相近的两个极端比比皆是。对于大自然而言，我们的美或丑，肮脏或者干净又算得了什么？大自然利用污秽为我们孕育出鲜花，用粪肥给我们创造出优质的麦粒。

各种食粪虫尽管天天和粪便打交道，但是却享有一种美誉。其身材基本都是小巧玲珑，穿戴庄重并且无可挑剔的光鲜，身子胖嘟嘟的，呈短壮体形，额头以及胸廓上都佩戴着怪异的装饰品，所以它们在收藏家的标本盒里显得光鲜照人，尤其是我国的那些品种，尤为乌黑发亮，还有一些热带的品种，金光闪闪，黑紫油亮。

它们是牲畜赶不走的客人，一种苯甲酸的淡淡香气从它们身上散发开来，能够净化羊圈里的空气。它们那如田园诗般的生活习惯让昆虫分类词典的编纂者们十分惊讶，因此这些之前不怎么关心其生死的学者们，这一次却转变了看法，对它们介绍时也用上了一些好听的名字，如梅丽贝、迪蒂尔、阿嫂达、科利冬、阿莱克西丝、莫普絮斯等。这些名字全是古时田园诗人们时常用到并早就很响亮的名字。食粪虫也被用维吉尔式的田园诗中的词汇来赞扬了。

名师指津

食粪虫虽然打交道的对象是粪，但是却享有一种美誉。它们的身体小巧玲珑，穿戴庄重且佩戴光鲜照人。它们身上所散发出的淡淡香气有净化空气的作用，尤其是对羊圈里的空气作用显著。因此人们改变了对它们的看法，赋予它们以美名。

瞧那一堆牛粪堆儿上你争我抢的劲儿啊！最先从世界各个地方聚集到加利福尼亚的淘金者们的那股热情劲儿也和它们没法比。在阳光高照之前，它们成千上万地奔来，大小不同，种类多样，全都想在这个大蛋糕上分一杯羹。它们有的在露天地里干活，搜刮牛粪表面；有的钻入厚实

的牛粪堆里，挖个地道，寻找好的矿脉；有的凿开底部，立刻将挖到珠宝钱财埋到地下；那些个儿小又力弱的则待在一边捡身体强壮的伙伴们落下的残渣什么的。有几个新来的也许是饿得受不了了，在原地就吃起来了，但大多数都想捞一笔，所以要把挖到的钱财藏在安全的地方，以备不时之需。当你身在四处飘香的田野间时，没发觉一点儿新鲜牛粪，突然到了这儿，看到这些一堆堆的宝物，那真是上天赐予的呀，只有有福分的才会这样幸运。因此，它们就把今儿这无价之宝小心翼翼地收集起来。粪香四散，方圆一公里都可以闻得到，食粪虫们听到消息纷纷而来，争抢这些美好的食物。落在后面的跑着、飞着，正忙着向前赶哩。

那个担心会迟到而朝着粪堆一溜儿小跑的是谁呀？它那长长的爪子僵硬而笨拙地一前一后地扒拉着，如同有一个机器在它的肚腹下朝前推着它一样；它的那双棕红色小触角大张着，透露着垂涎欲滴的急躁情绪。它在玩儿命地赶，最后它赶到了，还把身边几位食客碰倒了。这就是圣甲虫，它一身墨黑装扮，在食粪虫中数它的身材最高大，名气也最响。古埃及人对它无比尊敬，把它看作长生不老的象征。它已然加入，与同桌的食友一起战斗。食友们正用自己宽大的前爪微微地敲打粪球，进行最后一个步骤，或者再向粪球上添上最后一层，完了转身而去，回去安心地享受自己的劳动成果。我们来看一下那有名的粪球的一道道生产工序吧。

圣甲虫头的周边是个帽子，扁平宽大，上有六个细的尖齿，排成半圆状。这便是它挖掘与切割的家伙，是它的耙子，能用于撬开和抛撒没养分的植物秆子，把有用的耙在一块儿聚到一起。它们对食物的选择就是这样开展的，因为对于这些行家来说，它们对哪儿优良哪儿需抛弃已了然于胸。如果圣甲虫是为自己寻找食物，它们选个相差无几的就差不多了，但一旦想到自己的孩子，它们就会精心挑选，十分严格。

名师指津

对于自己的孩子，圣甲虫同人类一样，付出了特别的关爱。对于食物，如果是自己吃的，它们只是随便一挑就可以了，但是对于自己孩子的食物，它们就会精挑细选。

你看，它用带齿的头盔拱一下，挑一下，排除要抛下的，之后把别的归整一下就好了。两条前腿一块儿用力地忙活。它的前腿是扁平状的，弯作弓状，上面有大致的纹路，外侧配有五个硬齿。假设需要用力，把阻碍物推开，在粪堆中特别厚实的地方清一条道出来，圣甲虫就用肘力，也就是用它带齿的前腿来回归拢，再用齿耙用力一耙，就腾出一个半圆形的空地。

地盘清好以后，前腿还有别的工作要做：把耙耙到的

东西归整在一块儿，耙到自个儿的肚腹下的后面四只爪子那儿去，这四只爪子生来便是为了进行此项任务的。这些足爪，尤其是最后的两只，既细又长，稍稍弯曲成弓形，顶端长着一个非常锐利的尖爪。稍微看上一眼就能看出它们十分像圆规，在它弧状支脚之间弯成一种球状，可以测量球面，制作球形。它们确实是用来制作粪球的工具。

食物一耙一耙地被耙到肚腹下的四只爪子中间，后爪紧接着稍稍用劲，就能够按照腿部的曲线将粪球的雏形挤压成。之后，这雏形粪球时不时地被四条后腿弄成的两把圆规摆动、压挤，逐渐变小变结实，再由肚腹加工，粪球的形状渐渐完善。如果粪球的表面那层太坚硬，被剥落的概率十分大的话，或者其中有的地方纤维太多，旋转起来很难的话，前腿就会对不适合的地方展开深加工。它们用宽大的拍子微微拍打粪球，让新增加的东西与之前的十分结实地合而为一，并将那些不好粘贴的东西在粪球上拍实。

即使是在艳阳的炙烤下，旋工对粪球的加工仍然在繁忙地进行着，你可以察觉到它们做起活来是如此快速利落：最先的雏形仅是个小弹丸，现在已成为一颗核桃那样大了，不一会儿就可以变成苹果那样大小。我之前见过食量吓人的圣甲虫居然旋出一个拳头大小的粪球。这肯定需要数天时间吧!

加工完食物，就要离开杂乱的战地，把食物运往适合的地点了。这时，圣甲虫最让人感叹的习性慢慢表现出来了。圣甲虫匆匆忙忙地上路了。它将两条长后腿勾住粪球，用锐利的尖爪插到球体中去，起到旋转轴的作用；中间的两条腿用作支撑；前腿带护臂甲的齿足作杠杆，双足轮流按压、弓身、低头、翘臀，倒运着粪球。后腿是这机器的主要构成部分，它们不停地在运转；它们来来回回，交换着足爪，以协调轴心，让乘载物保持平衡，并在其左右两侧轮番推动，使粪球向前滚动。这样一来，粪球面部各点都一个接一个地接触地表，使它不间断地被碾压，形状更是完美，球面硬度也因为受力匀称而慢慢趋于一致。

用劲呀！好，它朝前滚动了，按当前的状况，它必定可以被运回家，但也避免不了一些磕磕碰碰。这不，困难

英语学习馆

重点词语： 工序：process ['prəʊses]；

腿：leg [leg]

相关词组： 学习过程：learning process；

前腿：front legs

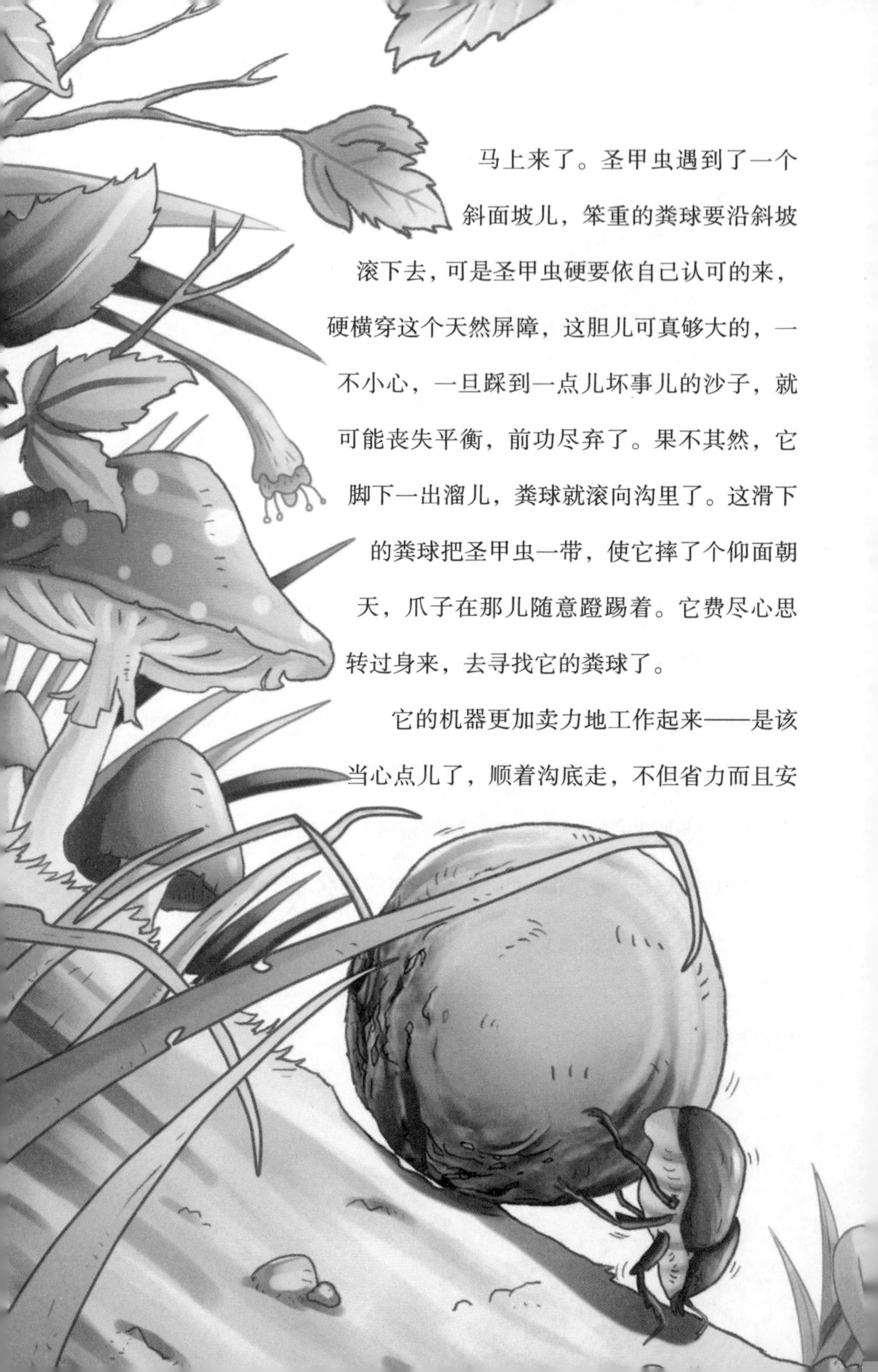

马上来了。圣甲虫遇到了一个斜面坡儿，笨重的粪球要沿斜坡滚下去，可是圣甲虫硬要依自己认可的来，硬横穿这个天然屏障，这胆儿可真够大的，一不小心，一旦踩到一点儿坏事儿的沙子，就可能丧失平衡，前功尽弃了。果不其然，它脚下一出溜儿，粪球就滚向沟里了。这滑下的粪球把圣甲虫一带，使它摔了个仰面朝天，爪子在那儿随意蹬踢着。它费尽心思转过身来，去寻找它的粪球了。

它的机器更加卖力地工作起来——是该当心点儿了，顺着沟底走，不但省力而且安全。沟底路好走，非常平坦，你不需要费多大的力气，粪球就可以滚动向前的。可是这圣甲虫偏偏就是不听，它固执地向那可以说是它的克星的斜坡走去，也许登到高处对它来说是充满诱惑的。我真是无话可说了。对于身居高处的优越性来讲，圣甲虫的观点比我要更有远见。可你至少该走这条道呀，那坡儿相对较缓，你能很轻松从那儿爬到顶上的。它根本就不听，假若有什么非常陡的、不能攀爬的斜坡，那个顽固的小子就偏偏爬上它。

因此，像西西弗斯一样的工作开始了。它专心致志地、一步步地、十分艰难地向上滚动那巨大的粪球。它始终是倒退着在推动。我在考虑，它是使用哪种神功把这么庞大的粪球在斜坡上稳住的。啊！稍一调整不好，它就瞎忙活大半天：粪球滑下去，把它也连着摔了下去。然后，它又慢慢往上爬，不一会儿再一次摔下去。它随之又向上爬，这回走得很好，困难路段好歹过去了，原来是一个禾本植物的根在捣乱，让它摔了好几回，这一次它谨慎地

绕开了这个讨厌的根。再加一把劲儿就到顶了，但要加倍小心啊，坡陡道险，稍不小心便前功尽弃了。你看，脚踩在滑滑的卵石上，一滑，粪球和圣甲虫一并连滚带翻地又滑回去了。可圣甲虫又开始向上爬，仍然坚持不懈，没有什么可以使它泄气的。十次，二十次，它尝试着这总也爬不上去的陡坡。最终，它或是以坚强的意志攻克了重重难关，或是经过更加周密的思考，承认自己之前所做的没用的努力，它重新选取了一条平整的道儿，终于如己所愿地完成了工作任务。

名师指津

这里圣甲虫不达目的决不罢休的精神以及遇到问题常思考的做法，非常值得我们学习。

这贵重的粪球并不是每回都由一只圣甲虫单独运送，圣甲虫运送粪球时常会有同伴帮助，或者更确切地讲，是同伴主动过来帮忙。一般情况下是这样做的：一只圣甲虫加工完粪球以后，就离开烦乱熙攘的群体，倒退着推动自个儿的战果离开战地，最后过来的那些圣甲虫恰好有一只在它的身边，正在开展自己的粪球加工工作，却忽然放下了手里的活，朝那滚动着的粪球奔去，帮助这个运气好的成功者，后者也似乎十分愿意接受这个帮忙。此后，这两个同伴就一起干起活来。它俩全力以赴地把粪球向安全的地方运去。在战地上是不是当真有过协议，双方默认平分这块蛋糕？在一个制作粪球时，另一个是不是在挖掘富矿

脉以得到原料，添加到共同的财富上去呢？我从来没见过这种合作，我始终看见的是每只圣甲虫都独立地在开采地点忙于自己的工作。因此，后来者是没一点儿既定收益的。那么，这是不是异性同类中的一种合作，是一对儿圣甲虫在为自个儿的美好小家庭努力拼搏吗？在一段日子里，我确实有这种想法。

两只圣甲虫，一前一后，满怀激情地在一块儿推着那重重的粪球，这让我想到了之前有人手摇风琴唱着的歌儿：为了布置家庭，咱们怎么办呀？我们一起推酒桶，你在前面我在后。在通过一番解析后，我就丢弃了这种夫妻互帮的观点。因为光看外表，是分辨不出雌雄圣甲虫的，因此我把两只一起合作运送粪球的圣甲虫拿来剖析，我发现它

们基本上是同一性别的。

既没有家庭共同体，也没有劳动共同体，那么存在这种表面上互助合作的理由是什么呢？理由十分简单，就是将劳动成果据为己有。那个看似好心的伙伴前来帮忙，实际上是藏有心机，一有机会就抢走粪球。粪球的制作过程既累人又需耐力，要是能抢个现成货，或者至少强行入席，那可就划算多了。假如主人无防备，帮忙者就可抢走粪球逃之夭夭；假如主人的警觉性很高，那就以自己也出了力而二人同席。这一招不管怎么算都是可以获得好处的，因此抢夺就成了这个世上收效最好的一种方式。有的就阴险狡诈地这样去做了，就像我刚刚所讲的那样，它们兴致勃勃地去帮一同伴，实际上后者压根儿不需要它们帮助，而且它们装着好心，其实心里藏有杀机。还有一些圣甲虫，更是胆大包天，直奔主题，强行夺取他人的粪球。

名师指津

动物世界同人类的世界是一样的，有明目张胆地抢劫的，有装假好心来帮你的，实际上却心怀鬼胎。

哪里都有这类抢劫行径。一只圣甲虫兀自推着自己经勤恳劳作所得到的合法收益安静地离去了。另一只，也不晓得是从哪儿跑出来的，前来抢劫，身子狠狠地落下，把被烟熏了一样的翅膀收到鞘翅下面，然后挥起带锯齿的臂甲的背面扇倒粪球的拥有者，后者正在忙于推粪球，压根儿就没抵挡之力。当受袭者玩命挣脱，再次站稳时，攻击者已站在粪球高处，那是击退对手的最好位置。它把臂甲收到胸前，开始迎敌，以备不测。此时，丢东西的在粪球旁边走来走去，想寻找个好的出击点；偷东西的则立在城堡顶上骄傲地不断移动，总是面对着失窃者。假如失窃者直起身来攀爬，盗窃者就向前者的背部狠狠地一击。如果进攻者不转变策略就想抢回丢失的物品的话，那防护者因处于城堡高的地方，必将一回回地击退对手的进攻。可以看出，进攻者企图把城堡和其守护者一起推倒。粪球底端受到摇摆，开始慢慢滚动起来，盗窃者也跟着滚动，它用尽办法一直立于粪球顶端。它做到了，可并不是始终如此。它在不间断地快速跟着滚动，以使自己保持平衡。只要脚下一滑，优势全无，那就只能与对手赤膊上阵，彼此身体对身体，胸对胸，你碰我顶地拼打了。它们的爪子绞在一块儿，节肢相抵，头盔相撞，发出金属锉磨的尖锐之声。之后，把对手掀倒，摆脱出来的那位便抓紧爬到粪球顶部，抢占有利的地形。新一轮围困又开始了，侵略者与被侵略者轮着包围，这全靠血拼来决定胜负。二者之中，不必说定是这侵略者胆大包天且临危不惧，侵略者时常占据上风。因此，被侵略者经历两次失败后，便丧失斗志，只好回到粪堆去再次制作一个粪球。而那个侥幸胜利的侵略者

咬文嚼字

临危不惧：遇到危险，毫不惧怕。

则很害怕已过去的危险会又一次来临，就推着抢来的粪球抓紧向自己觉得靠谱的地方跑去。偶尔，甚至第二个侵略者会到来，抢夺前一侵略者盗取的赃物。说内心话，我不是很烦它。

我徒劳无益地在推敲，那个把“家当即赃物”这个放肆的狂言乱语用到圣甲虫习惯中的普鲁东到底是什么人？那个把“武力超过权力”的野性法则在食粪虫的生活里加以发扬光大的外交家是哪位？由于收集的资料很少，因此我没办法从源头深入观察这些常见的抢劫方式，无法搞明白这种为了夺取粪团而滥用武力的理由，我能肯定的就是抢夺骗取是圣甲虫的常用伎俩。这些运送粪球的昆虫之间你夺我抢，毫无顾忌，我还真没见到别的昆虫这样不知廉耻地干过。索性，我把这种昆虫心理方面的疑问留给今后的观察者们去研究吧，我还是回头来说说那两个合伙搬运粪球的家伙。

也许用词不准确，但我还是把那两个合伙者称为共同运送者。两个中间一个是强行加入的，另一只也许是迫于无奈而被逼接受的，因为担心遭到更大的危险。它俩的相碰倒还算友好。合作者到来之时，拥有者正专心致志在做自个儿的活儿，新来者似乎怀着最大的善意，立刻投入工作。二人你推我拉，相互合作。但拥有者占据主导地位，担任主角。它从粪球后面向前推，后腿向上、脑袋朝下。那个帮手则在前头，姿势和前者相反，脑袋向上，带齿的双臂按在粪球上，长长的后腿撑在地上。它俩将粪球夹在中间一前一后地滚动着，粪球就这样翻滚着。

二者也并不是合作无误，尤其是帮手背对路径，再加上粪球又挡住了拥有者的眼睛。因此，事故频频，摔个大马趴是经常的事，还好它们能泰然处之，摔倒了立刻爬起来，然后各归各位，各司其职。但即使是道路平整，这种运送方式仍旧是事功各半的，理由就是它俩的合作不能那样完美。事实上，就是让后面的圣甲虫独自做，也一样能够做得很快，并且能够很利索。那个帮手倒是在帮倒忙，弄得不利于运送；在表现出自己的善意以后，它打算稍作休息；当然，它是不可能放弃它已看作是自己财产的那个

咬文嚼字

路径：①道路（指如何到达目的地）。②门路。

英语学习馆

重点词语： 家庭：family [ˈfæməli]；进攻：attack [əˈtæk]；财产：property [ˈprɒpəti]

相关词组： 家庭生活：family life；发运进攻：mount an attack；政府财产：government property

珍贵的粪球。在它看来，摸过的粪球就是自己的了。可它也不会贸然行事的，要不对方会把它晾在那儿。

名师指津

作为抢劫者，这只圣甲虫的确非常聪明，既当了好心者，又偷了懒，还可以坐享成果。

新来者把腿收回到肚腹下面，身子紧紧地挨在粪球上，与它连为一体。于是粪球和这个助手在合法主人的推动下一起朝前翻滚着。粪球在这个合伙者的身下，随着粪球的翻滚，它一会儿上，一会儿下，一会儿左，一会儿右，它毫不在意。它就是要帮到底，并且是不动声色地在帮。这种帮手真少有，让他人用车推着自己，还想得到一份酬劳！

前面到了一个大陡坡，它只好帮一把手了。推到陡坡上时，它成为排头兵，只看到它用自己那带齿的双臂狠狠地拽住沉重的大粪球，而那个拥有者则在下面玩命抵着，一点儿一点儿地向上顶着。这两个合作者，就这样一个在上方拽着，一个在下方撑着，十分默契地向坡上爬着。假如没两只圣甲虫的全力合作，仅靠一只是无论如何也不能把粪球推上去的。可是，并不是所有的圣甲虫在这一艰难时刻都能表现出一样的激情。有一些圣甲虫在攀爬斜坡这一不得不用力配合才可以的时刻，似乎根本不觉得有困难要战胜一样。在西西弗斯拼命地尝试越过阻碍时，另一位却占据高位，一副坐等成果的样子，与粪球一同上下滚动。

现在，我们设想那只圣甲虫十分幸运，获得了一个可靠的合伙者，或者再好一点儿，假定它在中途没能碰到不期而来的同类。这样，一切准备好，能够开始下一步了。地窖已挖好，是一个在相对宽软的土地上挖的洞，基本上是在沙地里挖，洞不深，有拳头那样大小，有一条细道和外面相通，细道大小刚好可以让粪球进去。食物一进地窖，圣甲虫就藏在家中，用藏在角落里的杂物将地窖进口堵起来。大门一关，外面压根儿就猜不到这底下存在一个宴会厅。

功德圆满，它非常开心；宴会厅里餐桌上全是高档食物；天花板挡住空中炙日，仅让一点儿温暖潮湿的热气透入；环境幽雅，外面有蟋蟀合唱声阵阵；这些都有利于肠胃功能的发挥。我思绪缥缈，忽然感觉自己正俯身于地窖口处，耳边隐约传来海洋女神该拉忒亚歌剧中的那段著名唱段："啊！周围的一切都在忙忙碌碌时，无所事事是多么美妙。"

名师指津

海洋女神该拉忒亚：希腊神话中的人物。这里通过海洋女神的唱段反映出圣甲虫通过辛勤劳动获得的成果是多么珍贵，享用自己的果实的时刻是多么的美好。

有谁忍心要去打扰这位正在宴席上悄悄享受的小子呢？但是，强大的好奇心能够让人们去做任何一件事情，而这样的胆子，我曾有过。我在这里把自己擅闯民宅的场

景诉说下来。我看见仅一个粪球就已基本上把整个宴会厅占据了——这奢侈的食物下抵地板，上顶天花板。一条狭小的通道把粪球与墙体分开。食者就在通道上用餐，通常是一人，最多也不过两位。它们的肚子靠在餐桌上，背撑着墙壁。座位只要挑好，就不再调换了。接下来，它们就张开嘴大吃起来。它们没有产生一点儿小吵嘴，因为那样子就会少吃一口；它们不会挑肥拣瘦，那是在糟蹋食物。这一切全都前后顺序，毫无偏差地越肠而过。

看到它们这样真诚用心地围着粪球在吃，你会认为它们觉察到自己在进行净化大地的工作，晓得自己为之奋斗的是那种用粪肥养育鲜花的精细化学工程。鲜花使人心旷神怡，而圣甲虫的鞘翅能点缀春暖花开的草坪。

虽然马、牛、羊的消化系统已经十分完善，可是它们的排泄物中仍旧残留着还没被消化的一些物质，而圣甲虫则将它们留下的那么多残留物质加以利用。为此，圣甲虫就必须拥有一套完整的工具。

果不其然，通过解剖我惊叹地发现其肠道非常长，绕来绕去，使得吃进去的食物能够慢慢地被吸收，直到最后一个能被利用的颗粒被消化干净为止。因此，那些食草动物没有消化吸收干净的物质，通过食粪虫类的高效蒸馏器这么一提取，便能够获得一些财富，并且这些财富稍稍加工处理，便可以变成圣甲虫墨黑的铠甲和别的食粪虫类昆虫的金黄色的或者赤红色的胸甲。

但是，环境卫生规定了这种令人赞叹不已的垃圾处理工作要在最短的时间内做完，而圣甲虫就刚好具有这种其他昆虫所未具备的非常强大的消化能力。一旦食物进入地窖里面，圣甲虫就会不分昼夜地吃着，直至把食物消灭干净为止。在你有了一定的实践经验后，将圣甲虫关在笼子里养是非常容易的。我便是采取这种方式获得了这些资料，这对了解圣甲虫的高效消化能力非常有益。

名师指津

圣甲虫是强大的垃圾分解者，尽管它看起来比较脏，但是它创造了干净的环境。

整个粪球就这样一点儿一点儿地依次通过消化道。接下来，圣甲虫隐士就再次爬出地面，寻

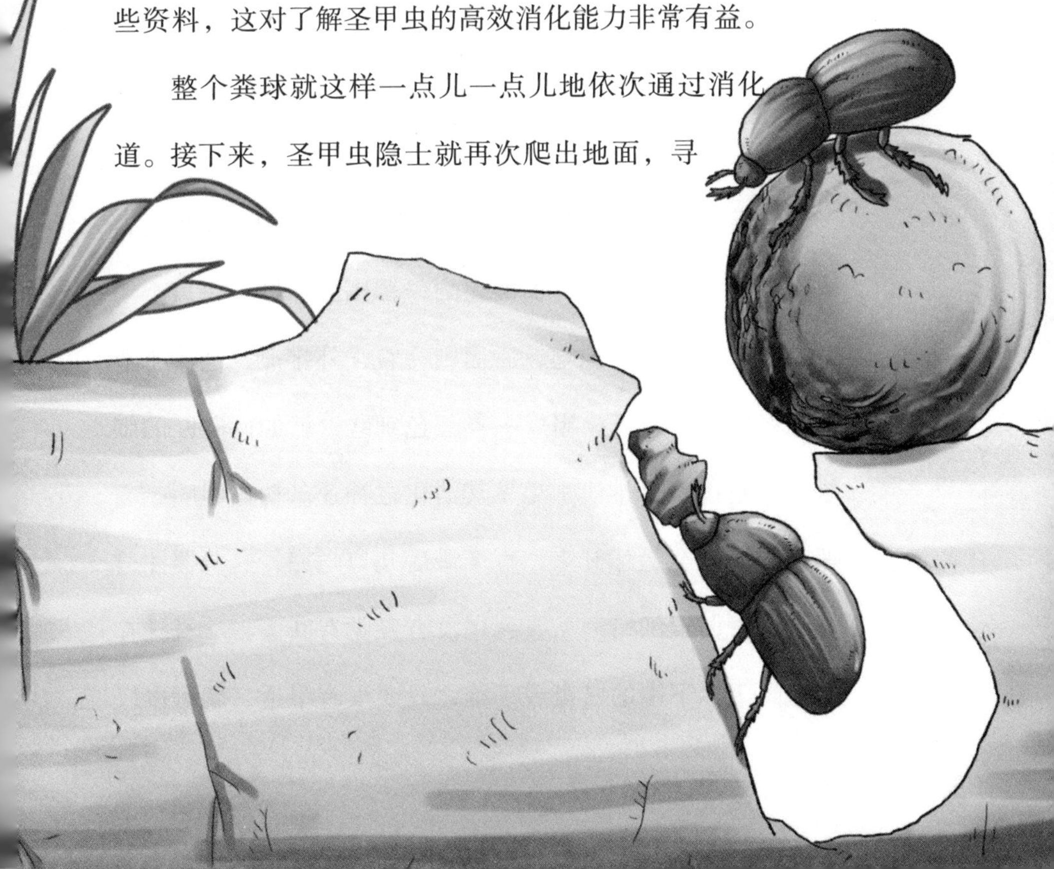

找新机会。找到以后，便重新做粪球。一切便又重新开始了。

有一日，天气干燥无风，这种氛围尤其适宜我喂养的圣甲虫们大快朵颐。于是，我揣着表，守候在一个露天进餐者的面前仔细观看，从早上八点一直延续到晚上八点。这只圣甲虫仿佛遇到了一块非常合胃口的食物，整整十二个小时的时间，它从没停止过咀嚼，一直停留在餐桌前的同一个地点纹丝不动地吃个没完。晚上八点钟的时候，我最后一次看它，只见它的胃口丝毫未减，就像刚开始吃时一样地起劲儿。这次宴会还会持续下去，直至圣甲虫将全部的食物彻底消灭才会宣告结束。到次日的时候，那只圣甲虫的确不在那儿了，昨天没有嚼完的那块食物现在仅仅剩下点儿渣末了。

咬文嚼字

纹丝不动：一点儿也不动。

整整一个小时过去了，这么长的一幕，就仅仅是进食，囫囵吞枣，精彩万分，那消化的一幕则更加妙不可言。圣甲虫是前面在不停地吃，后面则一直往外排泄；这些排泄物已经没有养分了，组成一条黑色细线，就如同鞋匠的细蜡绳。它边吃边排泄，足见其消化之神速。初始咀嚼，它那拔丝机就会运作开来，直至最后几口吃完，这机器才停止运转。那根细蜡绳从头到尾没有发觉有断头，一直挂在排泄口上，下端的已盘成一堆，只要没有干透，就可以轻易展开来成为一条细长绳。

这排泄的整个过程就好像秒表那样精确。大约一分钟的间隔，要更加准确地说是四十五秒，即会有一小段排泄物出来，细绳随之就会增长三十四毫米。一旦细绳长到一定程度，我便把它截断，放在刻度尺上量量它的长度。测量得出的结果是，十二小时的总长为二点八八米。夜晚八时，我在提灯下做完了最后一次察看。而后，这圣甲虫还会继续吃夜宵，因此这进食和制绳的活计还会再干一段时间，所以圣甲虫拉成的那根没有断头的细长绳总长约为三米。

名师指津

这段话表面是在介绍圣甲虫的排泄规律，但从侧面，我们看到了作者所做出的努力，不仅体现了作者对科学的严谨态度，还能体会到作者对昆虫的热爱。

知道了绳长和直径，排泄物的体积就可以轻易测算出来了。然而要量出圣甲虫的确切体积，同样也很容易，仅需将它放进有水的量筒，看一下水位线就可以了。这些取得的数字并非毫无意义。通过分析这些数据，我们

英语学习馆

重点词语：开心：happy [ˈhæpi]；资料：data [ˈdeɪtə]；

食物：food [fuːd]

相关词组：幸福的童年：happy childhood；

个人资料：personal data；

冷冻食品：frozen foods

读书笔记

知道了圣甲虫竟然在一次持续十二个钟头的进餐中吃掉了与自身体积相差不多的食物。胃是多么的好呀！而且消化又是这样强，消化速度又如此之快！刚开始咀嚼，排泄物就马上被消化成细绳状，始终拉长，直至进餐结束。在这台也许从不会失业的蒸馏器里（除非加工的原材料匮乏），只要原料已进入，立刻由胃囊开始加工，吸收干净，而后排出。这使我禁不住有这样的联想，如此一座可以高效处理垃圾的实验室要用在净化环境方面能够发挥多大的功效啊！

拓展阅读

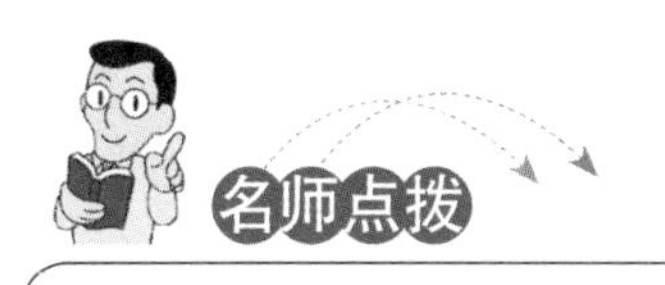

名师点拨

文章重点描述了圣甲虫寻找、收集、搬运食物的过程。作者通过对圣甲虫收集、加工食物等细节描写，让我们看到了一个智慧的、技术高明的、可爱的小昆虫；从圣甲虫搬运食物的过程中我们看到了一个不怕困难、不怕吃苦的小昆虫。在文中，作者利用借物喻人的写作手法告诉我们，面对困难应该坚持不懈、百折不挠。

学习要点

借物喻人：就是借某一事物的特点，来比喻人的一种品格，是作文中用来表现、突出中心思想的常用方法。无论写人、记事，还是写景、状物，正确运用借物喻人的方法，可以使文章立意更深远，表情达意更含蓄。作者在本文中借圣甲虫的各种行为来启示人类应该具有和圣甲虫一样的精神，做一个面对困难不怕苦、百折不挠的人。读者在文章中可以清楚地意识到作者的意图，这得归功于借物喻人的写作技巧。

好词

泰然处之　以备不测　果不其然　功亏一篑　囫囵吞枣

好句

·那个把“家当即赃物”这个放肆的狂言乱语用到圣甲虫习惯中的普鲁东到底是什么人？那个把“武力超过权力”的野性法则在食粪虫的生活里加以发扬光大的外交家是哪位？

·二者之中，不必说定是这侵略者胆大包天且临危不惧，侵略者时常占据上风。

·也许用词不准确，但我还是把那两个合伙者称为共同运送者。两个中间一个是强行加入的，另一只也许是迫于无奈而被逼接受的，因为担心遭到更大的危险。

·整个粪球就这样一点儿一点儿地依次通过消化道。接下来，圣甲虫隐士就再次爬出地面，寻找新机会。找到以后，便重新做粪球。一切便又重新开始了。

·整整一个小时过去了，这么长的一幕，就仅仅是进食，囫囵吞枣，精彩万分，那消化的一幕则更加妙不可言。

·因此，事故频频，摔个大马趴是经常的事，还好它们能泰然处之，摔倒了立刻爬起来，然后各归各位，各司其职。

西班牙蜣螂

西班牙蜣螂的产卵位置跟圣甲虫是不一样的，它的卵产在哪里呢？西班牙蜣螂的窝跟圣甲虫的窝是一样的吗？在产卵季节，雌雄西班牙蜣螂是怎样配合的呢？它们又是如何建造自己新家的呢？所有这些问题，都能够在文章中得到答案，下面就请认真阅读吧。

为了虫宝宝，昆虫按照本能会做一些事情，而所做的正是人遵从经验以及研究所获知的理性指导去做的，这一点不是哲学那微不足道的道理所能够解读的。因为科学的严谨性，任何事我都需小心对待。我这并非是要给科学一副令人憎恶的面孔，因为我确信人们即使不使用粗俗的词

咬文嚼字

耍笔杆子：用笔写东西（多含贬义）。

汇也可以讲出一些绝妙的事情来。清晰透彻是耍笔杆子的人的高明手段，我要竭尽全力地做到这一点。所以，使我停笔思考的那种谨慎是属于其他范畴的。

我总是询问自己，我这是不是受到某种假想的欺骗。我心里一直在思考："圣甲虫和别的甲虫都是粪球制作工匠。它们是从哪儿学的这种行当？或者是机体结构导致的？尤其是它们有长长的爪子，并且有的爪子还稍微弯曲。假如它们在为小甲虫而忙碌的话，那它们在地下继续发挥自己那制作粪球的特长又有什么好奇怪的呢？"

成虫给幼虫准备了柔软、合适的食物，这真是出于对子女的关爱吗？做球对于甲虫来说是本职工作，并不是专为幼虫而做。这种动物的腿又弯又长，在地面上滚球得心应手，那它为什么要到地底下去做球？这显然很奇怪，动物会去干一些自己喜欢的事情，地下做球显然不是圣甲虫喜欢的。那么，它把球加工成梨形会不会有别的目的，而并非为自己的幼虫呢？

为了最终使自己信服，我观察了另外一种食粪虫。这种甲虫在平常生活中根本就不了解粪球制作工艺，但是到了产卵时节，它却会一反常态，把得到的材料制作成粪球。我家周围有这样的食粪虫吗？有的。它甚至是除圣甲虫外

最美最大的一种，它就是西班牙蜣螂，其前胸截成一个险坡，头上也长着一个十分惹人注意的怪角。

西班牙蜣螂身材矮胖，蜷成一团，行动迟缓。蜣螂的爪子很短，稍微有些风吹草动，它就会把爪子缩回肚腹下端，与粪球制作工们的长腿简直没法比。只需看看它的样子，就极容易猜想得到它是根本不喜欢推着一个大粪球奔波的。

除了身体不灵活，它的性格也不活泼。蜣螂一旦找足了食物，夜间或黄昏，就会在粪堆下挖洞。挖的仅是个粗糙的洞，能放进去一只大苹果。而后，它三两下地一摆弄，粪料就成了屋顶，或者至少堆在其门口；体积很大的食物没有一个完整地落进洞里，这也就是它贪馋好吃的证据。只要食物还有剩余，西班牙蜣螂就不会返回地面，仅仅是一门心思地大快朵颐。直至饭尽粮绝，这种隐居生活才算是结束。于是，它会重新开始寻觅、收获、挖洞，再建另外一个临时居所。

有了这种无须事先准备便可吞食垃圾的本领，显而易见，西班牙蜣螂根本就不会去弄清楚揉捏粪球的工艺。再说，其爪子短小、笨拙，好像根本无法干这类工艺活儿。

五月份，最晚六月份，产卵期就到了。西班牙蜣螂已习惯了拿最肮脏的粪料填满自己的肚子，现在是时候考虑自己的子女了。就如圣甲虫一般，此刻它也不得不找到食物制成一个软面包，并且还得和圣甲虫的一样。这个软面包必须营养丰富，可以就地完整地埋到地里，地面上不留一点儿残渣碎末，一点儿也不可以糟蹋。

我看见西班牙蜣螂并没有远行、运送和进行任何的预备工作，那个软面包便被划拉到洞中去，就在它的休憩之地。为了自己的宝宝，它在反复进行着之前为自己所干的事情。对于地洞，足足有一个鼹鼠洞那么大，是个宽敞的洞穴，离地面有差不多二十厘米深。我发觉它比西班牙蜣螂大快朵颐时的那种暂时住宅要大很多，精美得多。

但是，我们还是不要打扰它，依旧让西班牙蜣螂自由地做活儿吧。偶尔发现的情况所提供的资料也许是不完整的、片面性的，内在联系也不太明显。饲养在笼中就十分便于观察，蜣螂也非常配合。我们不如先瞧瞧它是怎样储备食物的吧。

在夜晚朦胧的光线下，我看见它在洞门口出现了，它是从地下深处爬上来搜集食物的。由于我在洞口后边放了许多食物，因此它没用多久就找到了，并且我还用心地时时更换。它生来没胆，有点声音便立即打算缩回去，因此

名师指津

西班牙蜣螂在夜间活动较多。作者用一个很美的形容词“朦胧”交代了蜣螂一般的生活习性，比单纯的陈述描写更具有生动性。

它步子很慢、不洒脱。它用头盔划拉、翻寻、用前爪拖拽，非常小的一块食物便搞到了；但被拖散开来，搞成了碎末。蜣螂将食物倒退地拖着，在地面上消失。没到两分钟，它再次爬到地面上。它依然十分小心地，用张开的触角试探周边，之后才越出大门。

爬到与它相差两三寸远的粪堆那儿，对它来讲乃是一件不得了的大事了。它宁愿食物刚好在它洞宅门边，形成它住宅的屋顶。如此它就不用出门，以免担惊受怕的。但我却另有计划。为了观察起见，我将食物放到门口，但距洞口不是很远。渐渐地，胆小的蜣螂安心了，来到露天里，走到我的跟前，可我依旧尽最大努力不被它知道。它又可以一次又一次地重复运送食物了，可它搬走的一直是一些没有形状的杂块、杂屑，如同是用小镊子夹住的一般。

我对它储藏食物的方式有所了解，因此任凭它自己一直这样干了近一夜。天亮的时候，地面上什么也没了，蜣螂再也没出来。仅一夜时间，很多的宝藏就堆积起来了。我们首先等上一会儿，让它有空余的时间将自己的成果如它所愿地存放好。在这个周末以前，我不停地在笼子中翻挖，将我先前看到的它存放食粮的那个洞挖开。

就像在郊外的洞中一般，那是个屋顶不平坦的宽敞的大厅。屋顶低矮，可地面基本上是平的。在大厅一个角落，有一个圆洞展开着，那是门，通往一条地道，向上伸到地面。在这块新土上挖好的住宅四周都被细心地压得紧实，我翻挖时即使有震动，也不会塌陷。由此看来，蜣螂施展了所有的本领，用尽了所有挖掘工的力气，打造出了牢固耐用的住所。要是说那个仅是为了在里面喂饱肚子的陋屋是匆忙挖好的，不但没有样貌并且不牢固的话，那么现在的这所屋子，就是宽敞宏大的地宫了。我猜测是雌雄蜣螂齐心协力地做好了这项大工程。最少，我时常看见一对蜣螂待在用作产卵的洞里——这宽大华丽的屋子之前肯定是婚礼的礼堂。婚礼便是在这个大拱顶下进行的，而新郎肯定帮忙建了这座礼堂，用这样的方式来表明自己那不同凡响的爱情。我还幻想新郎也帮新娘搜集和储存食粮。在我眼里，新郎是那样健壮，一趟趟地将粮食运达地宫。两人团结一致，这份精细的活很快就会完工。可是，只要屋内存粮已饱和，新郎就会回到地面，去别的地方安家立命，让蜣螂妈妈独立去完成妈妈的任务。雄蜣螂在这个家里的作用也就结束了。

名师指津

作者这里用拟人的修辞手法，使文章更显生动，不禁使我们思考人与人之间的相处。

在这个有如此多的小粒粮食的地宫中能发现什么呢？一大堆杂乱无章的散乱颗粒吗？不是。我在那里发现的是

一整块的大面包，占据了一个屋子，仅在周围留有一条能容蜣螂妈妈往来行走的窄小的通道。这块庞大的蛋糕无固定的形状，我看见过蛋形的，形状与大小像火鸡蛋；我也看见过扁平椭圆状的，形状像一个平凡的洋葱头；我还看到过基本上浑圆的，就像荷兰奶酪一样；我先前也看到过朝上的一面圆圆的，稍稍鼓起，就如普罗旺斯的乡下面包，或更像复活节时食用的蒙古包烤饼。不论是什么形状的，表面都是那么滑溜，曲线也相当柔和。这样一来我懂得了：蜣螂妈妈将前后搬运到洞里的不计其数的乱碎食物规整起来，搓成一团；之后，它将这一整块食物揉拌在一起，挤压成为颗粒均衡的食物。我数次看见这位女面包师站在那大面包上。与之相比，圣甲虫弄的那个小粪球真的是苍蝇见老鹰了。在这个偶尔有一厘米宽的粪球凸面上，西班牙蜣螂迈着步，轻轻地敲打这个大面包，让它更加瓷实、均衡。我只能偷偷地瞥(piē)上一眼这风趣的一幕，一看到有人，女面包师就沿着弯弯的斜坡下滑，躲在面包底下。

咬文嚼字

复活节：基督教纪念耶稣复活的节日，是每年春分月圆之后的第一个星期日。

为了进一步观察，就不得不搞点花样。这不是很难。或许是由于我和圣甲虫长时间交往使我的研究方式更加灵活多样了，或许是西班牙蜣螂心不是很细，更容忍窄小囚室的憋屈，因此我能无一丝阻碍、为所欲为地观看筑巢每

个环节的状况。我运用了两种方式，每个方法都可以告知我某些不一样的东西。

名师指津

这段话表明作者对昆虫的研究下了很大的功夫，并且在研究中不断积累经验，这也正是作者成功的原因。

在笼子里有了几个雌蜣螂做好的大面包以后，我就把蜣螂妈妈和这几个大面包一块弄出来，放到我的实验室里去。容器分两种，依我的意思让它们忽明忽暗。假如我想容器里有光亮，我便用大口玻璃瓶，直径基本上与蜣螂洞一样大小——也就差不多十二厘米——每个瓶子底下铺了一层薄薄的新沙子，薄得蜣螂不能钻入，但足够让它不停地在玻璃上来回滑动，让它认为这是与刚刚搬离的地方相同的沙地。之后，我将蜣螂妈妈和它的大面包一块放到这层沙子上。

不用说，即使在非常微弱的光线下，蜣螂因恫吓也不可能做出什么来。它需要全无亮光，因此我就用一个硬纸板盒将大口瓶给罩上了。我只需非常小心地微微掀开一点

英语学习馆

重点词语： 任务：task [tɑːsk]；

明显：clear [klɪə(r)]；面包：bread [bred]

相关词组： 承担任务：undertake a task；

明显的优势：clear advantage；

白面包：white bread

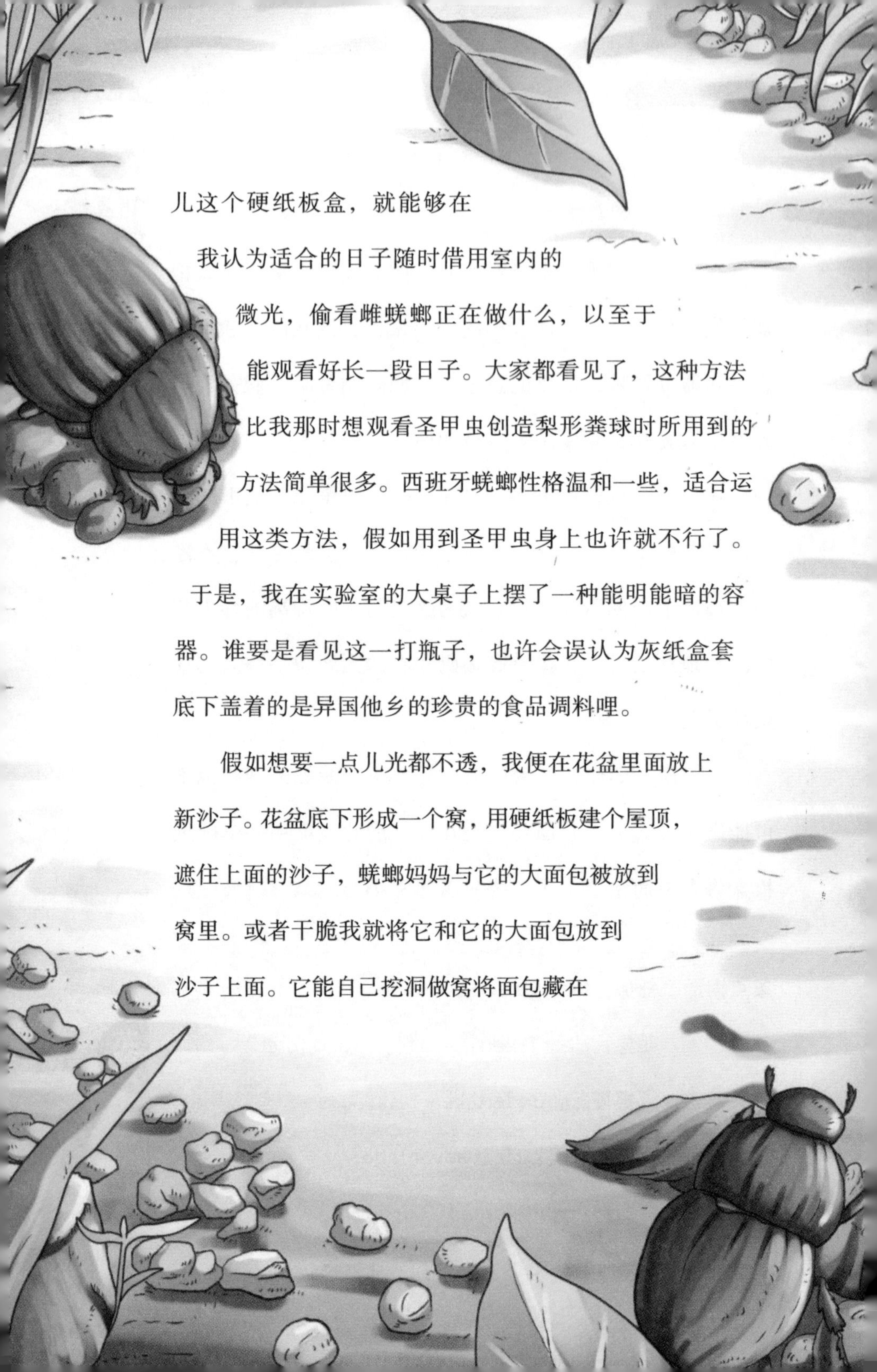

儿这个硬纸板盒，就能够在我认为适合的日子随时借用室内的微光，偷看雌蜣螂正在做什么，以至于能观看好长一段日子。大家都看见了，这种方法比我那时想观看圣甲虫创造梨形粪球时所用到的方法简单很多。西班牙蜣螂性格温和一些，适合运用这类方法，假如用到圣甲虫身上也许就不行了。

于是，我在实验室的大桌子上摆了一种能明能暗的容器。谁要是看见这一打瓶子，也许会误认为灰纸盒套底下盖着的是异国他乡的珍贵的食品调料哩。

假如想要一点儿光都不透，我便在花盆里面放上新沙子。花盆底下形成一个窝，用硬纸板建个屋顶，遮住上面的沙子，蜣螂妈妈与它的大面包被放到窝里。或者干脆我就将它和它的大面包放到沙子上面。它能自己挖洞做窝将面包藏在里面，和平常一样。不论运用哪类方法，都需用一块玻璃片遮住，以免让它逃脱。我盼望着这些不一样的、不透亮的容器能为我澄清一个难办的问题，这个问题我之后会说明白的。

名师指津

作者在此设置了一个问题，不透亮的容器到底澄清了什么呢？这种设置问题的方法激起了读者的好奇心，也给文章埋下了一个伏笔，字数虽然不多，但作用很大。

这些用不透亮的纸盖住的大口瓶能告诉我们点儿什么呢？它能告诉我们很多有意思的东西。它们使我们明白，这个大面包即使形状变化多端，可它一直是规则的，它的曲线并不是因滚动形成的。我们在查看自然洞穴时已十分明白，这个基本上占满了整个屋子的圆球，是压根儿不能滚动的。再说，蜣螂也无这样大的力气去推动如此大的一个粪球。

每次察看大口瓶都可以得出相同的结论。我看到蜣螂妈妈站在面包上，左敲右拍抹平突出的地方，把粪球规整得十分完美。

英语学习馆

重点词语： 简单：simple ['sɪmpl]；桌子：table ['teɪbl]；

容器：container [kən'teɪnə(r)]

相关词组： 简单句：simple sentence；

普尔球台：pool table；

集装箱船：container ship

我还从来没看到过它尝试着把那个大个子翻过来。这就非常明了了：圆面包并不是滚动形成的。

蜣螂妈妈的勤劳细心使我想起我之前从没想到的一个问题：制作时间如此之久，为何要对这块大东西翻来覆去地一补二修？为何在吃它以前要等候那么久的时间？我可以肯定，要经历一个礼拜或许更久的时间以后，蜣螂将面包打磨光鲜以后，才决定享用它。

当把面团和好拌匀以后，面包师便把面团放到和面槽的某个角落里。面包团的体积越大，面包发酵的温度会调整得更好。蜣螂深谙面包制作这一秘诀。它将搜集到的食物放在一起，细心揉做，做成粗样，之后再让食物有时间去完成内部发酵，让粪团味儿更美，并让其有相对的硬度，以便于今后的加工。这道程序还没做好之前，面包师和同伴需要等候一段时间。对蜣螂来讲，这段时间很久，起码得一个礼拜。

咬文嚼字

发酵(jiào)：复杂的有机化合物在微生物的作用下分解成比较简单的物质。发面、酿酒等都是发酵的应用。

发酵好了。雌蜣螂把大面团分为小面团，它用头盔上的大刀和前爪上的锯齿切成一个圆槽口，并切下一小块体积合适的面团来。这个切割动作干净利索，一刀见形，不用修补，绝对符合要求。

名师指津

这是面包师在切面团，还是雌蜣螂切？雌蜣螂动作干净利索，作者写得如此惟妙惟肖，可见文笔功底是何等的深厚。

接着就得加工这个小面团了。只见蜣螂用它那并不适合做这种工作的短小的爪子尽可能抱住小面团，使用其仅能够使用的压挤方式将小面团挤压。它十分仔细执着地在还没成型的粪球上走动着，有模有样地四处挤压，之后又一直用心、仔细地加以装饰。这样足足进行了一天一夜，凹凸不平的粪团就变成了梨子般大小的完美的球形面包了。在其拥挤狭窄的车间的一角，矮胖的艺术家几乎待在原地一动不动地完成了自己的杰作，并且也没挪动过那个面团一次。通过耐心细致地长时间工作后，它最终制作成了那个非常浑圆的球形，然而这是它那笨拙的工具和狭窄的空间做成的看起来不可能完成的事。

它还得花费较长的时间去完善、抹平那个球形。它用爪子柔情地翻来覆去地涂抹，直至把所有突出部位都给抹掉为止。它那小心翼翼地涂抹似乎没有止境。然而，临近第二天的傍晚，它认为这个圆球已经可以了。蜣螂妈妈爬上它的建筑物的圆顶，一直在挤压，在其上面压出一个不太深的小穴来。它将卵产在穴内。

而后，它使用非常粗糙的工具，以极大的谨慎和惊人的细致促使火山口聚拢起来，建成一个拱顶，铺在卵的上部。蜣螂妈妈轻轻地转动，将粪料一点儿一点儿地耙拢，推往高处，封上顶部，这是整个工序中最棘手的工作。稍

名师指津

这段话深刻地刻画了蜣螂妈妈对孩子的关切，她不敢呼吸，生怕对孩子有什么影响。这是一种多么伟大的母爱行为。蜣螂妈妈象征着人类世界的母亲。这种象征意义引人深思。

微压重或者扒拉得不到位，都会危及天花板下的薄薄的虫卵。封顶的工作常常要停一停。蜣螂妈妈低下头，动也不动地屏息倾听，看看洞内有什么不寻常之处。看来没有问题，接着，耐心的“女工”又开始忙碌起来：从两侧一点点朝屋顶耙粪料，屋顶渐渐变尖、变长。一个顶端很小的蛋形就这样取代了球形。在或多或少有点儿凹凸的蛋形下面就是虫卵的孵化室。这类细致的活计还得花上整整一天的时间。先加工粪球，在粪球上面挖出个小穴，把卵产在穴里，将穴封顶，盖住虫卵，这些工序总共需要两天两夜，有时还会更长一些。

蜣螂妈妈又回到了那个切去一块的大面包旁边。它再一次切下一小块，用同样的操作法将它变成一个蛋形粪球，在另一个穴产下卵。剩下的粪球面包还可以做第三个，甚至还常常可以做第四个蛋形粪球。蜣螂妈妈在洞穴里只堆积了一个粪料堆，依我之见，最多是可以做四个蛋形粪球的。

产下卵后，蜣螂妈妈就会待在自己的那个小窝里，里面差不多满满地堆放着三四只摇篮，一个紧贴着一个，尖的一头朝上。现在它要做什么呢？估计是想要出去转转。

这么久没吃东西得恢复一下体力了吧？谁要有这种想法就大错特错了。它依旧停留在窝里，自从它进入洞里，它就没吃过东西，就连碰也没碰过那个大面包。大面包已经分切成几等份，那是子女们的粮食。在疼爱子女上，西班牙蜣螂控制自己的精神实在让人感动，宁愿自己挨饿也绝不会让子女少吃短喝。它如此这般忍受饥饿还有第二个原因：守卫在摇篮边上。从六月底起，地洞就很难弄成了，因为雷雨大风和行人的踩踏，洞全都没有了。我所见到的几个洞穴里，蜣螂妈妈经常在一堆

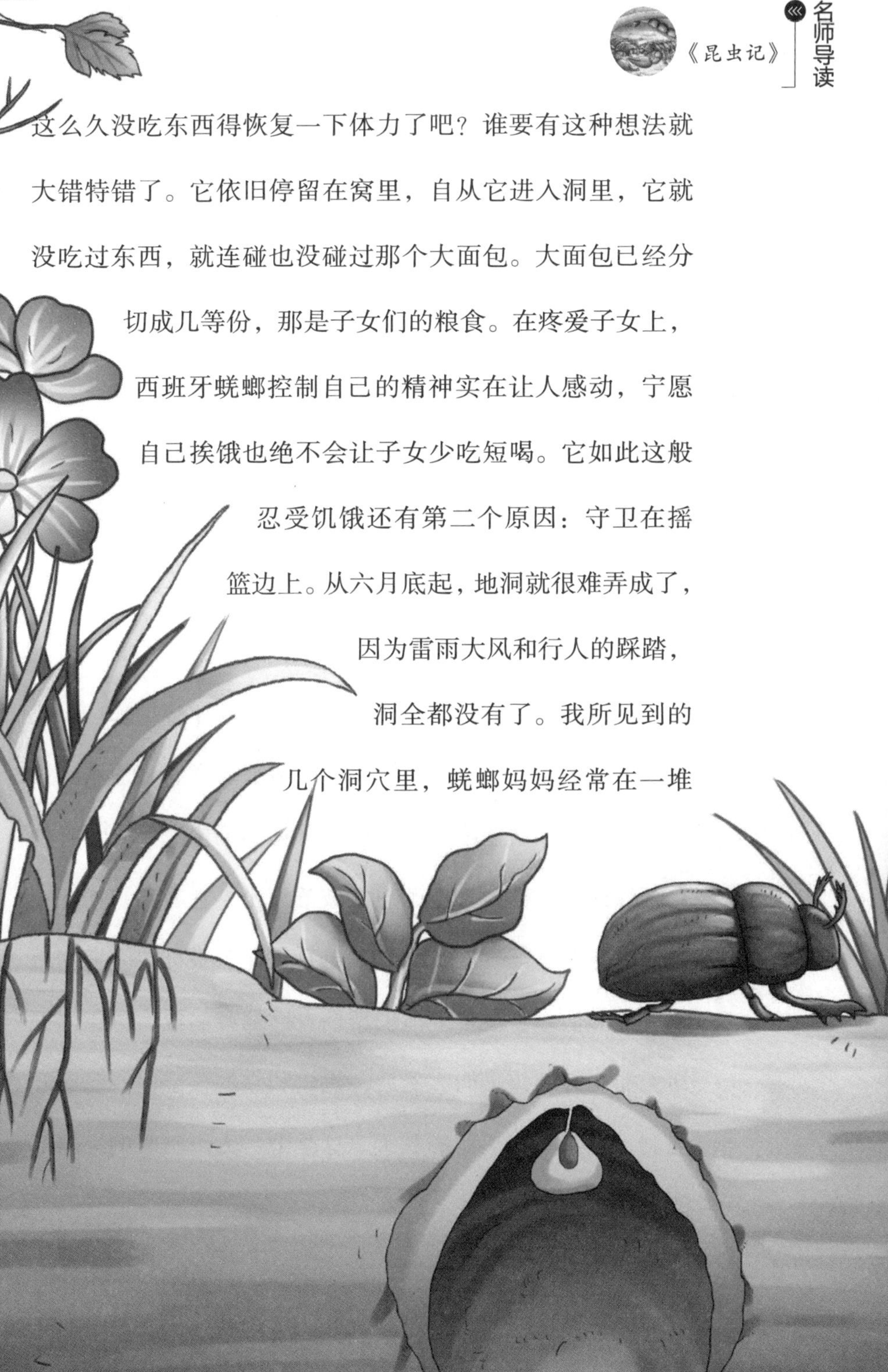

读书笔记

粪球边上打盹儿，每个粪球里都有一条已完全发育的胖嘟嘟的幼虫在大吃大喝。我使用那些装满新沙子的花盆做的不透亮的容器里的情况，证实了我在田野上所碰到的情形。蜣螂妈妈们在五月上旬和食物一起被埋进沙里，它们就再也没有在玻璃罩下的地面上出现过。产卵之后，它们就在洞中隐居了。它们和它们的那些粪球一起度过炎热干燥的伏天。

情况是这样的：我将大口玻璃瓶盖子揭开时所看到的是它们在守护着那些摇篮。

直至九月份前几场秋雨过后，它们方才爬出来。而此时新一代已经成形了。蜣螂妈妈在地下非常高兴地看到子女们长大了，这在昆虫界是极其罕见的天伦之乐。它听到自己的孩子们摩擦着茧子想要破茧而出，它看到它如此精心加工的保险箱被打破。倘若地面的湿气没能令穴室变得软一些的话，它会走上前去帮助自己那些筋疲力尽想出来却无能为力的孩子们。然后，妈妈和它的孩子们一起离开地洞，上来享受美丽的秋天。这季节，太阳暖暖的，路上的美食到处都是。

拓展阅读

文章中不仅描写了蜣螂的进食过程，还重点介绍了西班牙蜣螂的育幼过程。作者用生动形象的语言将雌性西班牙蜣螂从给幼虫收集食物到幼虫孵化出来，期间不吃不喝，每日辛勤地劳动的整个过程，描写得惟妙惟肖，再一次以物喻人诠释了世界上的母爱之伟大，也彰显了西班牙蜣螂不屈不挠的精神。

托物言志：就是把特定的意义寄托在所描写的事物上，表达个人的志趣、意愿或理想。

作者在文中描述蜣螂妈妈对幼虫的呵护时，就用此种手法表达了对伟大的母爱的赞美之情，并升华了文章的主旨。“蜣螂妈妈低下头，动也不动地屏息倾听，看看洞内有什么不寻常之处”。从这样的话语中我们看到了蜣螂妈妈对孩子的爱，同时也看到了人类世界母亲对孩子的爱。

好词

翻来覆去　小心翼翼　团结一致　不同凡响　竭尽全力

好句

·成虫给幼虫准备了柔软、合适的食物，这真是出于对子女的关爱吗?

·西班牙蜣螂身材矮胖，蜷成一团，行动迟缓。蜣螂的爪子很短，稍微有些风吹草动，它就会把爪子缩回肚腹下端，与粪球制作工们的长腿简直没法比。

·蜣螂妈妈的勤劳细心使我想起我之前从没想到的一个问题：制作时间如此之久，为何要对这块大东西翻来覆去地一补二修?

·现在它要做什么呢?估计是想要出去转转。这么久没吃东西得恢复一下体力了吧?谁要有这种想法就大错特错了。

·妈妈和它的孩子们一起离开地洞，上来享受美丽的秋天。这季节，太阳暖暖的，路上的美食到处都是。

隧 蜂

隧蜂是本文的主人公，它是一种非常勤劳的昆虫，但本文作者并没有为我们直接描述它，而是引入了另外一种不知名的昆虫。作者为什么要引入这样一种昆虫呢？它和隧蜂之间又有什么样的关系呢？这个不知名的昆虫还经常钻进隧蜂的洞内，隧蜂会允许它这样做吗？这些疑问我们都能够在下面的文中得到答案，请认真阅读。

你熟悉隧蜂吗？大概不熟悉吧。不过这也无碍，你照样能够品尝人生的种种温馨甜蜜。但是，若是你有兴趣去了解，那么此类不显眼的昆虫便会告诉你许多奇闻怪事，并且，若是你想对这个纷繁复杂的世界有更多了解的话，

不妨跟隧蜂打个交道，这并非是一件让人鄙夷不屑的事。既然我们现在拥有空闲的时间，那就熟悉熟悉它们吧。我们能够从中得到不小的收获。

咬文嚼字

鄙夷：轻视；看不起。

如何来识别它们呢？它们是一些酿蜜工匠，体形一般比较纤细，相比我们蜂箱中所养的蜜蜂，更加修长。它们成群结队地生活在一块儿，身材以及体色又各不相同。有的比一般的胡蜂个头儿要大些；有的和家养的蜜蜂大小相同，有的还要更小一些。如此多种多样，会使无经验的人束手无策，但它们有一个特征是永远无法改变的：任何隧蜂都清晰可辨地有本品种的印记。

名师指津

这段话运用对比、比喻等修辞手法，特别指出辨认隧蜂的明显标记——滑动槽沟。

你瞧瞧隧蜂肚腹背面腹尖上那最后一道腹环。它上面存在一道光滑明亮的细沟。在隧蜂处于防卫状态时，细沟便会忽上忽下地滑动。这条似出鞘兵器的滑动槽沟便可以表明它是隧蜂家族的成员之一，你无须再去辨别它的体形、体色。在针管类昆虫中，其他任何蜂类都没有这种新颖独特的滑动槽沟。这便是隧蜂的最明显标记，就像隧蜂家族的族徽一样。

四月之时，隧蜂小心翼翼地开始施工了，若非一些新小土包，外部是一点儿也看不出的。外面工地上没有任何动静。工匠们很少跑到地面上，因为它们在地下非常忙碌地工作着。不时会有一个小土包的顶端晃动起来，随即就顺着圆锥体的坡面滑落下去；这是某个工匠造成的，它将清理的杂物抱出来往土包上推，不过它自己并没有露出地面。眼下，隧蜂仅仅忙于这件事。

带着阳光以及鲜花的五月到来了，四月里的挖土工眼下变成了采花工。无论什么时候，我都能够看见它们待在开了天窗的小土包顶上，每个身上均沾满了黄花粉。个头最大的是斑纹蜂，我常常看见它们在我家花园小径上筑巢造窝。

让我们仔细地观察一下斑纹蜂。每当它们储藏食物的时候，总会冷不丁地出现一位不速之客。它将让我们亲眼看见什么是强抢豪夺。

五月里，上午十点钟左右，在隧蜂储备粮食的工作干得正欢时，我天天都会去察看一番我那人口稠密的昆虫小镇。太阳底下，我坐在一把矮小的椅子上，猫着腰，两臂支膝，不动声色地观看着，直至吃午饭才离开。吸引我注意的是一个吃白食者，是一种喊不上名字的小飞虫，不过却是隧蜂的凶狠的暴君。

名师指津

在这里，法布尔使用野外实验法与观察法等研究方法来观察昆虫的世界。

这歹徒会有名姓吗？我想肯定是有的，只是我不想浪费时间去查询此种对于读者来说并没有什么意义的事情。

花费时间去弄清枯燥的昆虫分类词典上的解释，倒不如将清楚明白的事实提供给读者为好。我只想简单描绘一下这个罪犯的体貌特征。这是一种长约五毫米的双翅目昆虫，面色净白，眼睛深红，胸廓深灰色，上面有五行细小的黑点，黑点上长有后倾的纤毛，腹部为浅灰色，肚下苍白，爪子为黑色。

在我所看到的隧蜂群中，这种飞虫的数量非常多。它经常蜷缩在一个地穴附近的阳光下静候。只要隧蜂满载而归，爪上沾满黄色花粉，它就会冲上前去尾随着隧蜂，前后左右地飞来绕去，紧追不放。最终，隧蜂忽然钻入自家洞中，这双翅目食客随即迅速落在洞穴入口附近。它头朝着洞门，纹丝不动地静候着隧蜂干完自己的活计。隧蜂最终露面了，头以及胸廓探出洞穴，在自家门前犹豫片刻。那吃白食者依旧纹丝不动。

它们经常是不动声色地面对着面，相隔不到一指宽。隧蜂并未戒备伺机偷食的食客，至少我们从它平静的外表上无法看出来。而食客也丝毫不担心自己的妄行会惹来惩罚；面对一根指头就能将它压扁的隧蜂，这个侏儒却岿然不动。

我原想看见双方有哪一方显出害怕来，但未能如我所

想。毫无迹象表明隧蜂已知晓自己家中有遭遇打劫的可能，而食客也没表现出丝毫会遭遇残酷处罚的顾虑。打劫者同受害者彼此仅是对视了一会儿罢了。

名师指津

隧蜂的体积比那个小强盗大上很多，但是隧蜂并没有去惩罚小强盗；作者也没有说明原因，难道是在暗示我们隧蜂与小飞虫可能存在某种共生或者寄生关系吗？果真是这样吗？我们接着往下看。

体形庞大且宽厚仁慈的隧蜂只要自己愿意，就能够用它的利爪将这个毁它家园的小抢匪开膛；能够以大颚压碎它；用螫针扎通它；但隧蜂根本就不以为然，任那个小抢匪虎视眈眈地盯住自家的宅门。隧蜂为何要表现出这种看起来愚昧的大度呢？

隧蜂飞走了。小飞虫马上大摇大摆地飞入洞中。现在，它能够任意地在储备室里挑选了，因为储备室都敞开着；它甚至还趁机打造了自个儿的产卵室。在隧蜂爪子上沾足花粉，胃囊中饱含糖汁回来以前，没有人会干扰它。隧蜂干完这些事需花费很长时间，而擅闯民宅者要做坏事也要有足够的时间。而罪犯的计时器十分精准，可以精准地计

英语学习馆

重点词语： 罪犯：criminal [ˈkrɪmɪnl]；

忙碌：busy ['bɪzi]；收获：harvest ['hɑːvɪst]

相关词组： 职业罪犯：career criminal；

繁忙生活：busy life；

丰收：good harvest

算出隧蜂在外的时间。当隧蜂从野外回来时，小飞虫早就溜之大吉了。它停在距洞穴不远的地方，占领一个便利位置，等待再次打劫的时机。

如果小飞虫正在打劫时，被隧蜂忽然撞到，会发生怎样的情况呢？我看到一些胆大的小飞虫跟着隧蜂钻到洞内，并停留了一段时间，而隧蜂则在忙着研制花粉与蜜糖。当隧蜂掺兑甜面团时，小飞虫还不能享用，因此它就飞离洞穴，等候在洞边。小飞虫回到洞穴外，并不害怕，步伐稳定，这显然证明它在隧蜂的洞穴深处并未碰到什么棘手的事。假如小飞虫急不可耐，绕着糕点一直在转，那它后颈上肯定会挨上一巴掌，这是不耐烦的糕点主人会有的动作，但也就这样罢了。侵略与被偷者之间并没发生过厉害的碰撞。这一点，从侏儒步伐平稳、安然自若地飞出的模样上就能看得出。

每当隧蜂回到家中时，它总要迟疑一会儿，快速地靠着地面前前后后地飞上一会儿。它的这种无秩序飞行让我最先想到的是，它在尝试以一种杂乱的轨道迷惑偷窃者。它的确有这么做的必要，但它好像并没有那样的高智商。其实，它所害怕的并不是敌人，而是在为寻找自家宅门发愁，因为周围相似的小土包一个接一个，再加上天天都有

新的杂物清除出来，小镇的外貌日新月异，这很容易会混淆它的视线。

咬文嚼字

日新月异：每天每月都有新的变化，形容进步、发展很快。

它的踌躇十分明显，因为它时常摸错门，闯进别人家中。但一看到门口的细小差别，它马上就会知晓自己走错了门。于是，它再次努力地开始探查，有时飞得远一点儿。最终摸到自家宅门。它开心地钻了进去，可是，不论它钻得有多快，小飞虫还是待在它的宅门周边，脸朝着其门口，等候隧蜂飞出来后好进去偷蜜。

当屋主再次出门时，小飞虫则稍微退后一点儿，刚好留出一条让对方通过的通道，如此而已。它为何要多腾出地方呢？二者遇到是这样的相安无事！所以，要是不晓得一些其他状况的话，你不可能想到这是窃贼与屋主间的狭路相遇。

小飞虫对隧蜂的忽然出现并没有一丝惊慌，它仅是多加留意罢了。同样，隧蜂也没在乎这个打劫它的盗贼，除非后者跟它死缠烂打。这时，隧蜂一个急转身就飞远了。此时，吃白食者处于进退两难。隧蜂带回的甜汁在其嗉囊中，花粉粘于爪钳里，它不能吃到甜汁，粉末状的花粉还没定型，入不了口。再说，这少许花粉还不足以塞牙缝。另外，为了集腋成裘，做成圆面包，隧蜂要数次外出采夺花粉。必需的材料采集齐备之后，隧蜂就用大颚尖掺和搅拌，再用爪子把和好的面团做成小丸。假如小飞虫在制作小丸的材料上产卵，那通过这一番揉搓，就彻底完了。可见，小飞虫的卵是产在制好的面包上的。由于面包是在地下做好的，小飞虫就不得不进入隧蜂的洞宅之中。小飞虫胆大包天，果然钻了进去，就连隧蜂身在洞中也完全不知。而隧蜂要不就是胆小怕事，要不就是愚昧的宽容，居然随窃贼随心所欲。

小飞虫用心窥探、擅闯民宅的目的并不是想害人利己、不劳而获。它自己就能够不费吹灰之力地在花朵上寻到吃的，这比它暗自去偷抢容易得多。我在想，它跑到隧蜂洞中只想尝尝食品，了解一下食物的质量罢了。它的远大的、唯一的要事就是建造自己的家庭。它盗取财富并不是为了自己，而是为了下一代。

名师指津

达尔文说："物竞天择，适者生存。"小飞虫虽然是一个不折不扣的强盗，但它的行为也是为了哺育自己的下一代，这就是这一物种的生存法则。

我们把花粉面包挖出来瞅瞅，会发觉这些花粉面包时常被破坏成碎末状，在储备室地上的黄色粉末里，我们会看到蠕动着的两三条尖嘴蛆虫。那是双翅目昆虫的下一代。偶尔与蛆虫在一块儿的还有真正的主人——隧蜂的孩子，但它却因吃不好而软弱不堪。蛆虫虽然不欺负隧蜂幼虫，但却抢吃了后者最佳的食物。隧蜂幼虫食物不够

吃，身体每况愈下，很快就可怜巴巴地倒下了。尸体也变成微小颗粒，与剩余的食物交织在一起，变为蛆虫的口中之食。

然而隧蜂妈妈在幼虫遇难之时都做了些什么呢？它随时能够看着自己的宝穴，一旦探头入洞，就可清晰地知道孩子们的惨状。蛆虫在一地被糟践的面包里钻，稍稍一看就知道究竟发生了什么事。假若这样，它非把这些窃贼子孙弄个穿肠破肚不可！用大颚将它们咬碎，扔到洞外是举手之劳的事。可是愚昧的妈妈居然没有想到这样做，反而任凭鸠占鹊巢者无法无天。

咬文嚼字

鸠占鹊巢：比喻强占别人的房屋、土地、产业等。

隧蜂妈妈之后干的事更是愚昧。成蛹期来到以后，隧蜂妈妈居然把被抢劫一空的储备室像封堵其他各室一般用泥盖堵得严严实实。这最后的壁垒对于正在变形期的隧蜂幼虫来说是最好的防护方法，可当小飞虫光临以后，它这样一堵，可谓荒唐之至。隧蜂妈妈却乐不知疲地开展着它的可笑之作，这完全是本能导致，它居然还将这个空房弄上封条。我之所以说是空房，是因为狡猾的蛆虫吃完了全部食物之后，马上抽身逃走了，好像预见到今后会碰到一道不能翻越的屏障一样。在隧蜂妈妈封门之前，它们就已逃离了储备室。

吃白食者既小心翼翼，又阴险狡猾。全部的蛆虫都会放弃那些黏土小屋，毕竟这些小屋如果堵上，它们就会葬身其中。黏土小屋的内壁有波状防水涂层，以防回潮，小飞虫幼虫的表皮十分娇弱敏感，似乎应该对这种美好的容身之地备感舒爽，但是它们却并不喜爱。它们害怕如果变为小飞虫，便会被囚在其中，因此马上抽身，在小屋周边散开。

我挖到的小飞虫的确都在小屋外面，小屋里面从没出现过它们的踪影。

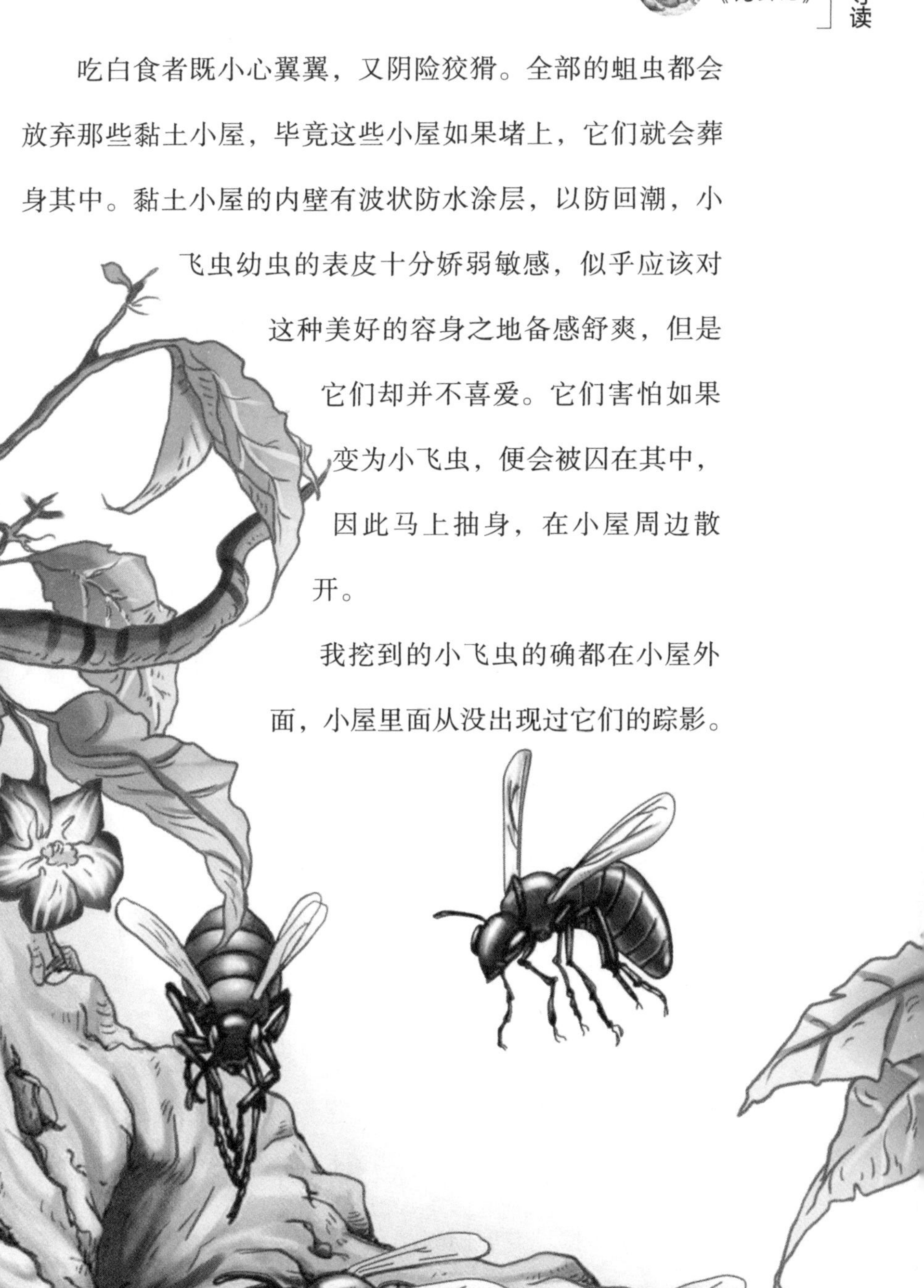

我发觉它们一个个都挤在黏土里的一个狭小的窝里，那是它们还是蛆虫时移居到这里的。第二年春季出土期来临时，成虫只要从碎土中挤出来就可以来到地面了，这一点非常容易。

吃白食者搬到别处还有另外一个非常重要的原因。七月，隧蜂要开始第二次生育。而双翅目的小飞虫却仅生育一次，其下一代此刻还处在蛹的状态，只等来年变成成虫。采蜜的隧蜂妈妈又开始在家乡小镇忙于采蜜，它直接用了春季建筑的竖井和小屋，这能很好地节约时间！细心建筑的竖井、房屋全部完好如初，只要稍作修缮，便能使用。

咬文嚼字

修缮(shàn)：修理（建筑物）。

假如天性爱干净的隧蜂在打扫房屋时发现一只蝇蛹会如何呢？它会将这个碍事的东西当作建筑废料给解决掉。它会把这东西用大颚夹起，把它夹碎，运到洞外，扔到废物堆里。蛹被抛到洞外，任风吹雨打，必死无疑。

我很敬仰蛆虫的高远目光，不为一时之快，而追求长远的安然无恙。那时有两个危机在威胁着它，一是被堵死在牢中，纵使变成飞蝇，也很难飞出洞去；二是在隧蜂修缮宅子时把它连同垃圾一起扔到洞外，丢尸荒野。为了避免这两个危险，在屋门封堵前，在七月里隧蜂清扫洞宅前，它便逃离险境。

我们现在来瞧一瞧吃白食者最后的情况。在整个月份里，在隧蜂清闲的时候，我对那昆虫众多的昆虫小镇进行了全面的搜查，一共有五十多个洞穴。地下发生的惨案没有一件逃离我的眼睛的。我们总共四个人，以手当筛，将挖出的土从手指缝中轻轻地筛下去依次检查。检查的结果让人心酸，我们竟没有发现一只隧蜂的虫蛹。这聚集着隧蜂的街区，居民全都被双翅目昆虫取代了。后者为蛹状，多得难以数计，我将它们收集起来，便于观察它们的进化过程。

昆虫的生活季节结束了，原来的蛆虫已经在壳内缩小、变硬，但那些棕红色的圆筒却依旧静止不动，它们是一些拥有潜在生命力的种子。七月里似火的骄阳也无法将它们从沉睡中唤醒。在这个隧蜂第二代出生的月份里：吃白食者停工休整，隧蜂和平劳动。如果敌对行动继续持续，夏天和春天时同样大开杀戒，那么深受其害的隧蜂或许就要绝种了。就是第二代隧蜂的孕育，才让生态平衡得以保持下去。

名师指津

小飞虫幼虫终于停工，隧蜂第二代才得以繁衍、生息。这是自然界在维持生态平衡的法则。

四月份，当斑纹隧蜂在围墙内的小径上翩翩飞舞寻求理想的挖洞建巢的地点时，吃白食者也在忙碌着化蛹成虫。呀！迫害者和受迫害者的日历是如此的一样，多么

让人难以置信啊！隧蜂开始建巢的时候，小飞虫早已准备就绪：其以饥饿法消灭对方的伎俩又重新上演了。

倘若这只是个别现象，我们大可不注意它，因为多一只隧蜂、少一只隧蜂对生态平衡产生的影响并不大。然而事实并不是这样！用各种各样的方式进行杀戮掠夺，已经在芸芸众生中横行无度了。自低级到高级的生物界中，凡是生产者都遭受到了非生产者的剥削。人类以其特殊地位本应该超然于这些灾难之外，但却成了弱肉强食这一残忍表现的最好诠释者。人们心中在想：“做生意就是弄别人的钱。”就像小飞虫心里所想：“工作就是弄隧蜂的蜜。”为了更好地掠夺，人类创造了战争这类大规模屠杀，以及绞刑这种小型屠杀为荣的艺术。

人们每个周末唱诵的那个崇高的梦想：“和平属于凡世人间的善良百姓！”我们永远也不会奢望它会实现。假若战争关系到的只是人类本身，那么将来那些信条也许还

英语学习馆

重点词语：梦想：dream [driːm]；

夏天：summer ['sʌmə(r)]；春天：spring [sprɪŋ]

相关词组：梦想成真：dream come true；

暑假：summer vacation；

春天的花：spring flowers

会为我们保存和平，因为那些慷慨大度的人都在致力于和平。然而，这灾祸在动物界也非常普遍，动物是冥顽不灵的，它是永远也不会和你讲道理的。既然这种灾难是普遍现象，那或许就是无法治愈的绝症了。未来的生活令人不寒而栗，它将和现在的生活一样，是一场永无休止的厮杀。

于是，人们挖空心思，幻想出一个巨人：他能将各个星球玩弄于股掌之中，他是无坚不摧的力量的代表，同时他也是正义和权力的化身；他知道我们在放火，在杀人抢掠，野蛮人在取得胜利；他知道我们持有炸药、炮弹、鱼雷艇、装甲车等不同种类的高级杀人武器；他还知道包括平民百姓在内的因贪婪而引起的可怕的战争。那样的话，这个正义者，这个强有力的巨人，假若他用拇指按住地球的话，他会犹豫着不将地球按碎吗？

他不会把地球按碎……但他会令事物顺其自然地发展下去。他心中或许会想："远古的信仰是有道理的；地球是一个生了虫的核桃，在被邪恶这只蛀虫啃咬。这是一种野蛮的雏形，是朝着更加宽容的命运发展的一个艰难时期。我们顺其自然吧，因为秩序以及正义总是排在最末位的。"

拓展阅读

文章中讲述了隧蜂与一个抢劫者的生活关系，隧蜂虽然一时受到了掠夺并失去了幼虫，但是自然界还是给了隧蜂时间，让隧蜂得以第二次繁殖，生生不息。作者利用两者的关系诠释了对人性以及社会的感悟，掠夺、战争，在人类社会中也是不可避免的；但是，我们坚信，正义终能战胜邪恶。

学习要点

衬托（侧面烘托）手法：以次要的人或事物衬托主要的人或事物；突出主要的人或事物的特点、性格、思想、感情等。衬托，就是以次衬主。同类事物衬托是“正衬”，相反事物衬托是“反衬”。文章中作者主要写隧蜂，但是用大量笔墨写了一种不知名的小飞虫，利用小飞虫衬托出了隧蜂的勤劳和大方。

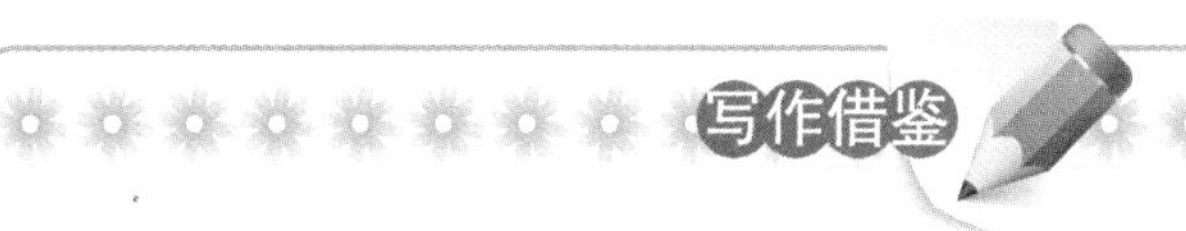

好词

冥顽不灵　必死无疑　芸芸众生　荒唐之至　溜之大吉

好句

· 小飞虫对隧蜂的忽然出现并没有一丝惊慌，它仅是多加留意罢了。同样，隧蜂也没在乎这个打劫它的盗贼，除非后者跟它死缠烂打。

· 然而事实并不是这样！用各种各样的方式进行杀戮掠夺，已经在芸芸众生中横行无度了。自低级到高级的生物界中，凡是生产者都遭受到了非生产者的剥削。

· 我们永远也不会奢望它会实现。假若战争关系到的只是人类本身，那么将来那些信条也许还会为我们保存和平，因为那些慷慨大度的人都在致力于和平。

· 然而，这灾祸在动物界也非常普遍，动物是冥顽不灵的，它是永远也不会和你讲道理的。既然这种灾难是普遍现象，那或许就是无法治愈的绝症了。

· 未来的生活令人不寒而栗，它将和现在的生活一样，是一场永无休止的厮杀。

朗格多克蝎

讲述任何一个物种，我们都会讲到它的成长、发育、繁衍。而朗格多克蝎又是经过怎样的过程精心繁衍后代呢？雄蝎为后代的延续又做了怎样的牺牲？下面就请你认真阅读本章节来揭开心中的疑虑吧。

朗格多克蝎子一直寡于言辞，生性使然的它们总带着一种神秘的色彩，它们的历史几乎就是空白，仅有的资料是从解剖中得到的。科学大师们的解剖刀向我们展示了它的组织结构，可是就我所知，到现在为止尚无人对其隐秘的习性进行研究。人们早已熟悉酒精泡过后被开膛的朗格多克蝎，但它的习性却鲜有人知。然而在节肢动物中，没有任何一种研究能比蝎子更重要。一直以来，它激发着人们的想象力，以至人们在黄道十二宫中也给它留了一个位置。卢克莱修曾经说过：“恐惧造就圣明。”蝎子正是因人们的恐惧而得到了神化，它被称为天上的一个星座，并且成为历书上十月的象征。现在，我们就试着让朗格多克蝎描述自己的故事吧。

名师指津

这里所说的星座就是黄道十二宫之一的天蝎座。它位于南半球，在西面的天秤座与东面的人马座之间，是一个接近银河中心的大星座。

我先简单介绍一下它们的体貌特征。一般的黑蝎在南欧很多地方都有，大家也都并不陌生。黑蝎常常出没于我们住处周围的阴暗角落；到了阴天下雨的秋日它就会钻入我们家中，有时候还钻入我们的被子里。不过，这让人讨厌的动物给我们带来的往往是恐惧，而不是伤害。虽然我现在的住宅中也有很多黑蝎，但我并未受到意外伤害。关于蝎子的恶名有点言过其实，它不过是招人讨厌，而非危险。

朗格多克蝎更让人害怕。它生活于地中海沿岸各省，人们对它知之甚少。它们并不骚扰我们的住处，总是躲得远远的，藏在荒僻地区。和黑蝎相比，朗格多克蝎称得上巨人，它发育完全的时候，身长有八十九毫米；它的身体颜色呈现出干稻草的金黄色。

朗格多克蝎子的尾巴，事实上是蝎子的腹部，为五节

相连的棱柱体状如酒桶，又如一串珍珠。这样的纹络还呈现在那举着大钳的大小臂膀上，它们使臂膀分割成一些条形。这样的纹络还弯弯曲曲地分布在脊背上，如同护胸甲结合部的滚边，并且是轧(yà)花滚边。这些凸出的小颗粒使盔甲野性十足、坚固异常，并成了朗格多克蝎的标志。这样的体貌，就好像它是用锋利的刀削砍拼接出来的一样。

蝎尾部最后一节——第六节，表面上光滑，为泡状，是制作并存放毒汁的小葫芦。毒液表面如水，内里却有很强的毒性。蝎尾末端是一个弯弯的螯(áo)针，色暗、尖锐。针尖不远处有个细小的孔，只有用放大镜方能隐约看见；毒汁就是从这细孔流出来，渗入被尖头刺破的伤口。

螫针不仅硬还尖，我用指头捏住，扎一张硬纸片，它就像缝衣针扎衣服一样容易。

> 名师指津
> 作者在这里介绍螫针的厉害和毒性是为了给后文两蝎交配拿大顶的姿势做铺垫。看似无关却又密切联系的语言突显了作者深厚的功力。

螫针弯曲度非常大，在尾巴平放伸直时，针尖是朝下的。假如想要使用这个兵器，蝎子就必须将它抬起翻转过来，从下往上刺出去。这就是它永久不变的攻击术。常常可以看到，蝎尾反蜷在背部，瞬间伸直，攻击被钳子钳住的对手。此外，蝎子平常几乎总是保持这种姿势；不管是走动还是歇息，尾巴全卷贴在背上，极少将它伸直。

蝎钳长在口部两旁，好像螯虾的大钳子，它们不仅是战斗的武器，也是取得信息的工具。蝎子向前爬时，就会把钳子前伸，钳上的双指伸展着，为的是弄清楚所遇到的东西。假如必须刺杀对手的话，蝎子的双钳就先捉住对方，使对方不能动弹，然后螫针从背部伸出来袭击。最终，当蝎子要长时间咀嚼一块食物时，钳子就可以当作手来使用，将猎物抓送到嘴里。不过，它们从没有被当作行走、固定或挖掘的工具使用过。

> 名师指津
> 蝎钳是蝎子获取信息的工具，所以在爬行时蝎钳总是在前方伸着。昆虫与哺乳动物对信息的采集方式大相径庭，这是物种之间的差异所致。

蝎子的脚的末端宛若是被突然截断的，上面长着一组弯曲灵活的小爪子，爪子对面还竖着一根细且短的爪尖，可以充当类似拇指的作用。在蝎看似残废的脚上，长满了粗硬的毛。所有这些组合成一个绝妙的攀缘器，这就充分

说明了蝎子为何能够在钟形罩网纱上爬来爬去。

紧靠蝎脚下面的是像梳子一样的栉(zhì)。这种奇异的器官是蝎子独具的，其名称源于自身的结构；一长排薄长彼此密密实实地拥挤着，就如同梳子齿儿似的。栉被解剖学学者们怀疑成一部齿轮机，目的是为了雌雄蝎子在交配时相互紧密无间地连接在一起。

让我们来看看朗格多克蝎的婚礼故事吧。为了研究蝎子的交配习性，我将十二对朗格多克蝎搁进放着些大块陶片的大笼子里，玻璃壁板装在大笼子上面，那些陶片就是，它们的新处所。

四月里，燕子飞，布谷叫，一场革命在一直宁静生活的蝎子间引发。夜里，在我的花园建造的昆虫小镇里，很多的蝎子跑出去进行朝圣了，并且一去不回。最为惊讶的是，我数次看见相同的一块砖头下待有两只蝎子，其中一只正在大快朵颐——对象是倒霉的另一只蝎子。难道这是蝎子界同类互残的谋杀案？是不是大好时节开始了，本性好游的蝎子们有意闯入邻居家里，由于体力不如对方而被对方视为美食，命赴黄泉？也许是这个理由吧，因为闯入者被缓缓地吃了整整一天。

名师指津

通过后文的介绍，我们知道这种中等个头的蝎子都是雄蝎子。这样的介绍为后文做了铺垫。

而值得注意的是：被吃掉的，毫无例外的全是个头中等的蝎子。它们体色分外金黄，肚腹略小，经证实是雄蝎，并且被吃的一直是雄性。这样看来，这里所发生的也许并不是邻居之间的打架，也不是由于太热爱独处而对一切来访者恶意抱负；这其实是婚俗的规则导致，就是在交尾以后由女方残忍地将男方吃掉。

再次春暖花开时，我已事前预备好了一个宽大亮堂的玻璃笼子，放了二十五只蝎子，每只蝎子一片瓦。四月中旬起，每天夜里七点到九点这段时间，玻璃宫中就闹腾起来。白天如同荒漠，这时却四处欢歌。我们全家吃过晚餐，就都跑向玻璃笼子；将一盏提灯挂到笼子跟前，我们就能看到事件的所有过程了。

此时是忙完一天后最好的消遣了。眼下便是一台好戏。在这出由天然演员演出的戏里，它们每个动作都趣味横生。我们全家大小全都在四周坐好了，连爱犬汤姆也过来观看。可是，汤姆对蝎子的事毫无兴趣，慢慢地躺在我们面前打起了盹儿，但是眼睛却始终睁一只、闭一只，看着它的伙伴——我的孩儿们。

我想给读者讲述一下所发生的事情。在临近玻璃壁板被提灯照到的较暗地方，霎时就聚集起很多蝎子。而四处漂游着的孤单的蝎子，它们也被光招引，远离暗处，奔向

明亮的中心处。夜蛾子扑向灯火的场景也没它们那么壮观。后来者混进之前的那群蝎子中去了，一些玩累的退回暗处，休息一会儿后又满怀激情地回到舞台上。

这浮躁狂热的场景好比一场盛大的欢乐舞会，非常令人神往。有一些从很远的地方跑来，它们庄重严谨地从黑暗处爬过来，忽然如滑行一样快速而轻松地冲向明亮处的蝎子群，像散布飞行的小耗子一般洒脱。它们互相找寻着，可指尖稍稍碰到，好像都被对方烫着了一样赶快跑开。还有一些与同伙微微抱滚在一块儿，又赶快分离；等跑到黑暗处稳一稳神儿，又一次次从头再来。

名师指津

自然界中各个物种都有独特的语言交流方式，在此作者并没有点明朗格多克蝎的这些动作到底意味着什么，但是他还是倾向于这是它们之间的交流方式。

经常会有一阵剧烈的喧哗：它们的爪子互相缠绕，钳子又抓又夹，尾儿你钩我打，谁也搞不明白这是恫吓还是关爱。在嘈杂之中，找到一个适合的视线，就能够发现一对如红宝石一般闪耀的小亮点。你会认为那是闪闪发亮的眼睛，事实上那是两个小棱面，如反光镜一般明亮，长在蝎子的头上。蝎子们不论大小胖瘦全部加入了混战，那仿佛是一场生死之战、一场大屠杀，然而也是一场狂野的嬉闹就像小猫咪们缠绕在一块儿一般。不一会儿，大家散开来，每一只蝎子都朝自己的方向跑去，丝毫没有受伤。

过一会儿，四面散去的逃跑者们又再次回到灯光前头

来。它们爬过来、游过去，走了又回来，时常是头碰头、脸碰脸的。最着急的会从别人的背上爬过去，不过，后者仅是摇摇屁股以示反对。如今还没到大动干戈的时候，最多只是两人相碰，扇个小耳光而已，意思也就是说用尾巴拍打一下罢了。对蝎子来讲，这就是一场平常的拳击比赛。

咬文嚼字

大动干戈：原指发动战争，现多比喻兴师动众或大张声势地做事。

比这还好看的是，有些偶然一见的拼斗方式尤其新奇别样。小路相遇，脑瓜对着脑瓜，两双钳子分别收回，立起身后，八个呼吸小气囊在胸脯上全部展现。此刻，那两只旗杆一样耸立的尾巴相互摩擦着，来回滑着，钩刺稍稍勾连，同时一回回钩住又放开，放开又钩起。猛地，友好的动作结束了，两者匆匆离开了，招呼也不打一声。

它们这些动作有什么意图？难道是情敌间的比试？看起来不是，理由是它们并无凶煞地直视彼此。我从之后的观察中明白，这两位是在眉目传情，私订终身。蝎子倒竖

英语学习馆

重点词语：工具：tool [tu:l]；

过程：process ['prəʊses]

相关词组：电动工具：power tools；

思维过程：mental process

起来是在倾诉自己的浓厚情意。

名师指津

作者用拟人的修辞手法描述了蝎子之间的爱情。形象、生动地描写，使文章更有趣味性。

如果一直像我之前所做，日日观察、日日积累，并把材料汇总在一张总体表格中，这样阐述起来会很快，但是这样一来，那些具有特色又很难融会贯通的细节就被省去了，阐述的乐趣性也因此消失了。因此，在说明这么奇异同时又不为人知的羯子的习性时，所有的一切都不应当省去不提。最好是借鉴编年法，并将观察到的新消息分段阐述出来，即使这样做有反复麻烦之嫌。这样，每天夜里的那些令人神往的情形都可以提供一种联系，从而从无序现象中理出头绪，对之前的情况作出验证与填补。我现在就在用日志的方式作记录。

一九零四年四月二十五日。——啊！这是怎么了？我从没见过！如此的情况，我真的是第一回目睹。两只蝎子相对将钳子伸出，钳指相夹。这是友谊的握手，而不是厮杀的前奏，因为双方都用最和平友好的态度和对方相处。这是一雌一雄两只蝎子。一只是雌蝎，色暗肚大；另一个是雄蝎，瘦小苍白。它俩都将长尾卷成美丽的螺旋花状，步子有模有样地在玻璃墙边踱着。雄蝎在前稳稳当当地倒退着，压根儿不像拖不走对方的架势。雌蝎被捉住爪尖，与雄蝎相对着，信任地跟着走。

它们走走停停，一直手拉着手；它们毫无目的地到处乱走，从围墙的一头儿到另一头儿。看不出它们究竟要去哪里，它们就这样闲逛着，开始暗送秋波地发情。此时此刻让我想到在我们乡下，每个礼拜天晚祷以后，年轻人一对对地手牵手，肩并肩地沿着篱笆遛弯。

两只蝎子时常掉头。雄蝎抉择往什么方向走。雄蝎始终没撒开雌蝎的手，亲密地转个半圆，就与雌蝎肩并肩了。此时，雄蝎张开尾巴微微抚摸雌蝎一会儿，雌蝎则不动声色。

我饶有兴趣地观看着这出无休无止的爱情大戏，足足过了一个钟头。在奇特场景面前，家里人用眼睛帮我一块观察，即使天色不早可是我们

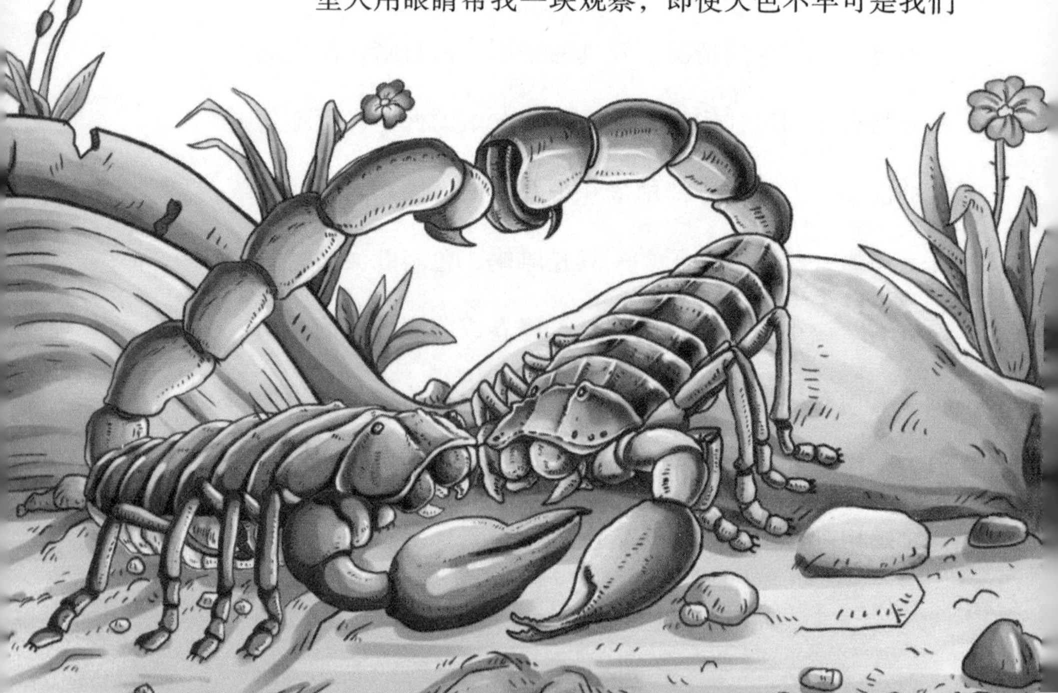

却一直保持着高度集中的注意力，不错过一点儿关键情节。

最终，夜里十点钟的时候，雌雄两只蝎子要有结果了。雄蝎爬到一片它认为合适的瓦片上，放开雌蝎的一只手，仅放了一只手，另一只手依旧紧抓着不放；用撒开的一只手扒一扒，用尾巴扫了扫。一个地洞就这样被打好了。雄蝎钻进去了，之后，十分小心、慢手慢脚地把耐心等候着的雌蝎拉到洞内。不一会儿，它们

就不见了行踪。一块沙土垫子将洞门封上。这对情侣进了洞房。

扰乱它俩的喜事是愚昧的；我假如想要立刻看见洞内所发生的状况的话，会为时过早，不合时宜。蝎子的耳鬓厮磨，大概就要持续个大半夜，而我已年近八旬，熬长夜已让我力不能及。我的腿脚酸痛麻木，两眼涨涩，还是先睡一觉比较好。

咬文嚼字

耳鬓厮磨：两人的耳朵和鬓发互相接触，形容亲密相处（多指小儿女）。

一夜里，蝎子占了我的全部梦境。梦里，它们四处乱爬，被窝间、脸上，但是我并不为此担忧，因为我心里始终在思索有关蝎子的让人惊叹的事儿。第二日，天才刚亮，我便去将那块瓦片掀开了。那里，仅有一只孤单单的雌蝎子。雄蝎则毫无消息了，既不在那个洞里待着，也不在周边游荡。这是我的第一个失望，后面的失望也许会如期而来。

五月十日。——晚上七点左右，天上乌云密布，大雨将至。在玻璃笼子的一块瓦片底下，有一对蝎子正脸对着脸，手钩着手，纹丝不动地待着。我非常细心地掀开瓦片，让这对居民显露出来，好随时观察它俩之后的所作所为。天慢慢地黑下来，在没有屋顶的安逸的住处，我感觉不会出什么乱子。瓢泼大雨哗啦啦地泻下，我必须抽身回屋躲雨。蝎子们有玻璃笼子保护，不怕雨的倾泻。而它们的床顶被揭走了盖子，它们将如何呢？

一小时后，雨停了，我又一次回到蝎子笼旁。它俩走了。它俩选择附近的一所有瓦顶的屋子住下来。雌蝎在外边等待着，而雄蝎则在里边安排新房，它们的指头依旧钩着。我的家人轮流守候，每十分钟交换一班，避免错过我感觉随时都将开始的交尾。不过这样紧张无一点儿用处；快八点时，天已彻底黑了，这对蝎子因为不喜欢所选的新房，又开始长跋涉；依旧是手钩手，四处寻找。雄蝎倒退着指引方向，挑选自己满意的住处；雌蝎则跟着，安静服帖；这和我四月二十五

日所见到的相差无几。

好不容易找到了它们彼此都满意的瓦屋。雄蝎先钻进去，但它没放开女伴一分一秒紧紧地牵着的手。它用尾巴快刀斩乱麻似的一划拉，新房就准备停当。雌蝎被雄蝎轻轻地、温柔地拉着，随其步入洞房。

名师指津

这段话描述了朗格多克蝎准备交配的过程。作者用“划拉”“轻轻地”“温柔地”“拉”描述了这个浪漫、温馨的一幕。

两个小时过去了，我自以为已经给了它俩相当久的时间做好准备，便前往观看。我掀开瓦片。它俩依旧维持着之前的姿势：脸朝脸，手牵手。看上去今天是没有更多的花样可看的了。

第二天，还是没有看到新花样。面朝面，各有所思的样子，爪子一动不动，手指依旧钩着，在瓦顶下继续那无休无止的脉脉含情。太阳落山了，夜色逐渐降临，这对情侣经过一天一夜的密切联系和交谈，最终分手了。雄蝎从瓦屋里离开了，只留雌蝎孤零零地在原地，没有一点进展。

英语学习馆

重点词语：关键：key [kiː]；螺旋：spiral ['spaɪrəl]；

拳击：boxing ['bɒksɪŋ]

相关词组：关键问题：key issue；

螺旋楼梯：spiral staircase；

拳击比赛：boxing match

在这场戏中，有两件事值得记下。一对情侣进行了相敬如宾的散步以后，一定要寻找一个隐蔽而安静的住处。在露天开放的环境中，在众人的目睹下，是不能静下心来进行洞房花烛的。如果屋瓦被掀开，不管是白天还是黑夜，不管是如何的小心翼翼，情侣们都会离开原地，寻找新的住处。此外，它们在石头下停留的时间很长；我们在瓦屋外等了一天一夜都没有看见决定性的一幕。

五月十二日。——今夜这一出戏会告诉我们什么呢？天气炎热，没有丝毫的凉风，是很适合夜里约会发情的。两只蝎子已经成双配对，但是，我并没有看到它们是如何亲热的。这一次，雄蝎的体形要比肚大腰圆的雌蝎小很多，不过威风是丝毫没减。像是事先约好的一样，雄蝎尾巴卷做喇叭状，倒退着带着胖雌蝎在玻璃墙边自如地散步。它们就这样走完一圈又一圈，一会在这个方向，一会在另一个方向。

它们会时不时地停下来休憩(qì)。停下来时，头碰头，一个向左，一个向右，窃窃私语，像是在说悄悄话。前部的小爪子相互摩擦，像是在相互抚慰。它俩在说些什么？怎样才能用话语传达它们无声的祝婚歌呢？

咬文嚼字

窃(qiè)窃私语：私下里小声交谈。

全家人都来观察这场奇异的恋爱场景了，它们对我们的光临没有丝毫的反抗，甚至一点儿也不会影响它们的恩爱。在提灯的灯光下，它们像是被镶嵌在了琥珀之中。那场景简直太优雅浪漫了，这样说真的是一点也不夸张。它们长臂前伸，长尾卷作螺旋状，动作轻盈，一步步地进行着漫长征途。

名师指津

单独乘凉的蝎子很知趣地躲开一对谈情说爱的蝎子情侣，说明了谈情说爱是一件非常神圣的事情。

任何事情都不能打扰它们的雅兴。如果有一只蝎子晚间出来乘凉，就像它们也在沿着墙根遛弯，与它们中途相遇，它知道它们打算做一些神秘的事情，于是会躲到一旁，让它俩过去。最终，它们在一处隐秘的瓦片下找到了合适的居所。此时，已经是夜里九点多了，雄蝎倒退着，牵引着雌蝎进入找到的洞中。

随后的夜里，它们经过了田园诗般的浪漫温馨后，发生了惨绝人寰的悲剧。第二天天刚亮，雌蝎依旧在昨天晚上的瓦片那儿，但是弱小的雄蝎已经被雌蝎咬的支离破碎了。它的头、一只钳子、一对爪子全部进入了雌蝎的肚子里。我把这具残尸放到瓦屋门口。整整一天，藏在屋瓦内的雌蝎都没有再次吃它。夜里，万籁(lài)俱静时，雌蝎出来了，它将门口的死者拖到远处，吃得一干二净，就算是为它举行了盛大的葬礼。

这种同类相食的行为与我去年在露天小镇里看到的情景是一样的。那时，我经常能看见一只胖胖的雌蝎在石块底下兴致勃勃地吃着自己前夜的伴侣。那个时候我就猜想，如果雄蝎完成使命以后不能及时离开的话，一定会被雌蝎给吃掉的，至于是全部吃掉还是只吃掉一部分可能要取决于雌蝎的食欲了。如今，我目睹了这一幕，我的猜想得到了证实。昨夜，我亲眼看见两个相亲相爱的伴侣在夕阳下散步，亲眼看到这对恋人做好了一切准备以后才进入洞房，那么温馨又浪漫的场景，却换来了一场悲剧。今天早晨，我看见那片瓦片下，新娘正在吞噬着它的新郎。可见，那只可怜的雄蝎，已经完成了它的使命。如果不需要它传宗接代，雌蝎是不会把它吃掉的。

如此看来，昨晚这对情侣做事斩钉截铁。而别的情侣都转了两圈了，可它们还在耳鬓厮磨，磨磨唧唧的。也许是些无法确定的环境因素——如大气状况、电压、气温、蝎自身的热情等——在很大程度上交尾完成的快慢；这对于观察者也造成了很大的麻烦，他希望把握确切时机，了解蝎子的梳状栉的作用，而这种作用目前还不清

咬文嚼字

斩钉截铁：形容说话办事坚决果断，毫不犹豫。

楚。

名师指津

实验证明了蝎子的激情和饥饿无关。

五月十四日。——可以肯定的是，不是因为饥饿，才使我的蝎子们每天夜里都激情四射的。它们每夜的热情狂欢和寻找食物没一点儿关系。我刚向那些匆匆忙忙的蝎群中扔入各式各样的食物，都是从看起来很符合它们胃口的食物中挑出的，其中有幼蝗虫的嫩肉部分，有比一般蝗虫肉厚肥美的小飞蝗，有翅膀被裁的尺蛾。往后，我还抓一些蜻蜓来喂它们——我知道那是蝎子十分喜欢吃的食物，因为我曾在蝎子窝里看到过与蜻蜓相似的成年蚁蛉的残骸与翅膀。

蝎子对如此多的高级野味没有产生一丝兴趣，不论是哪只蝎子都对其是不屑一顾。在杂乱的笼子里，小飞蝗在活蹦乱跳，尺蛾用残缺的翅膀敲打着地面，蜻蜓在瑟瑟发抖，而蝎子们并不在意它们。蝎子在它们的身上

英语学习馆

重点词语：尾巴：tail [teɪl]；

继续：continue [kən'tɪnju:]

相关词组：尾灯：tail light；

继续工作：continue working

走来踏去，还用尾巴将它们击倒；总之，蝎子们就是不打算吃掉它们，而且是根本就没有想过要吃掉它们，蝎子们还有更多其他的事情要做。

几乎所有的蝎子都在沿着玻璃墙行走。有些还很顽固地向高处爬；它们用尾巴撑着身子，一会儿就滑了下来，接着又去别的地方尝试。它们伸出拳头打击玻璃墙；它们不惜一切代价，想从这里离开。不过，这个玻璃宫足够大，对所有蝎子都足够用；里面的小路也有很多条，它们可以在上面长时间地散步。但是，这些蝎子一心想着奔向远方。假若它们获得自由，那么你会在附近所有的地方看见它们的身影。去年，也是这个时节，自从蝎子们离开小镇，我就再没看到它们。

出游是为了满足它们的春季交配。之前一直孤独生活的它们如今要远行了，它们不在意自己的饮食，只是在一门心思地寻找自己的伴侣。在它们活动区周边的砖石堆里，可能会寻到一些能够幽会或集聚的地方。倘若不是担心走在这乱石中容易摔断腿的话，我一定会去认真观察蝎子们在自由欢乐气氛中举行的婚礼庆典。在那光秃秃的山坡上，它们会做些什么呢？应该与玻璃笼子里做

咬文嚼字

庆典：隆重的庆祝典礼。

的事似乎没有什么两样。看吧，雄蝎择好一位新娘以后，便手钩手地带着新娘穿走在薰衣草丛里，悠闲地漫步。尽管它们不能享受我提供的幽暗灯光，但是它们可以用月光来取代提灯的照耀。

五月二十日。——雄蝎邀请雌蝎散步不会发生在每一个晚上，所以不是每个晚上都能看见那有趣的场景。很多蝎子在出来的时候就已经成双成对了。它们就这样手牵手地度过了整个白昼，面面相觑、深思沉默、纹丝不动。夜晚来临，它们也不会分开，又沿着玻璃墙边，开始进行之前的悠闲漫步。我不知道它们是什么时候开始手牵手的，也不知道以什么方式配对的。可能是在僻静的小路上偶遇的吧，一直以来，我都没有看到过，等我看见的时候，它们已经是手牵手并且已经交尾了。

不过，今天我算是幸运的。在提灯照得最亮的区域，我亲眼看见了一对情侣的结合。一只雄蝎喜笑颜开、生机蓬勃地在蝎群中横行霸道，一刹那遇见了一只它喜爱的雌蝎；雌蝎从它的身边经过，它们相互吸引，雌蝎接受了雄蝎的爱意，好事当然也就成了。

它俩头对头，钳子拉着钳子尾巴在大幅度地摇摆着，随之，梢相互钩住，温厚亲和地互相抚摸。这对情侣就像我们之前说过的那样做拿大顶。不一会，刚刚直立的尾巴拆开了，但是钳指依旧钩着，和其他情侣一样，它们就这样上路了。可以看出，刚才那个金字塔姿态绝对是两两出行的前奏。其实这种姿势是很常见的，即便是两只同性的蝎子有时候也会这样，不过异性间的这种姿势要比同性间的标准多了。还有同性间，这样的动作是不耐烦的表示，而不是友好的撩拨；而蝎子的尾巴是互相碰撞，而不是轻抚。

名师指津

作者用一连串的动词描写了蝎子交配的过程。

我跟踪了那只雄蝎。它匆忙后退，为征服对方而沾沾自喜。途中其他雌蝎新奇地看着它，可能还带有一丝嫉妒。其中一只突然扑向被牵着的新娘，用爪子使劲地抓住雌蝎子的腿脚，想分开这对情侣。那雄蝎也拼命地抵抗那个外来入侵者，它用劲儿地摇摆，玩儿命地拉拽，但是都无济于事；最后，它放弃了。不过这样的突发事件没有让它伤心不已。它的身边还有一只雌蝎。和这只雄蝎进行了简单的交流，它便快刀斩乱麻似的想把事情办好；它拉住这只新雌蝎的手，邀请它一起散步。但是雌蝎不情愿地离开了。雄蝎又看上了另外一只雌蝎，举动还是那样单刀直入。它成功了。雌蝎和它一起散步离开。但是这不能证明中间它不会离开雄蝎。然而这对轻浮的雄蝎来说，不算什么！一只走了，还会有更多的雌蝎相继而来。那它到底要什么样的呢？要第一只投怀送抱的。

它终于找到了第一只雌蝎，它正带着它的被征服者遛弯，走到了亮光区域。如果对方不愿意向前走的话，它就会死命地拖拽；如果对方百依百顺，它也会盛情款待。散步的过程时停时续，有时候还会停留很长的时间。

不久，雄蝎做一些看上去怪怪的动作。它收起双臂后又长长地伸出去，雌蝎也跟着一起做。它俩组成了一个节肢拉杆机械，形成不停启合的形态。这种柔软性训练做完以后，机械拉杆就不再动了，它们俩一动不动地待着。

现在，它们头抵头，两张嘴相互贴在一起。这种动作就像我们的亲吻和拥抱。但是，我不能这样说，因为它们没有头、脸、嘴、面颊。它们的前端像是被剪刀一刀剪去了一样，甚至都没有鼻子尖。本应该是长着脸的地方，却长了一些难看的下颌壁。

但是对于雄蝎来说，此时是它最幸福、甜蜜的时刻！它用自己那敏锐、柔弱的前爪轻敲着雌蝎的丑脸，在雄蝎眼里，这可是一张十分娇俏、十分甜美的面貌啊；它还激动地用下颌轻柔地咬着、逗弄着对方那十分难看的嘴。这是温情与天真的最佳境界。听说接吻的创始者是鸽子，其实这蝎子是比鸽子还早的接吻者。

名师指津

作者在这里用拟人的手法来描述蝎子的动作。这种拟人的手法，使蝎子的“亲吻”表现得淋漓尽致，让读者在轻松愉快中切身体会了动物间的真爱。

雌蝎没有丝毫的主动，它任由雄蝎玩弄，不过，在心中暗生出逃跑的计划。但是如何才能顺利逃走呢？很容易。雌蝎以尾当棒，朝着得意忘形的雄蝎腕子猛地一击，雄蝎立刻就撒开手了。于是，两者就分开了。不过，第二天，彼此消气以后，又开始上演之前的好事了。

五月二十五日。——雌蝎对雄蝎的当头一棒让我们明白了即便是温柔软弱的雌蝎，偶尔也会耍一下小性子，也会固执地拒绝对方，说翻脸便翻脸。我们可以举这样的一个例子。

一天晚上，一对漂亮的雌雄二蝎正在散步。它们找到了一个心满意足的住处。于是，雄蝎就松开一只钳子；它用爪子和尾巴开始清扫入口。然后它就钻了进去。接着，雌蝎也自愿跟着钻了进去。

过了一会儿，可能是房间的原因，也可能是时机的原因，雌蝎大半个身子退到洞外，它在努力摆脱雄蝎。而雄蝎则在洞里，拉住雌蝎玩命地往里拉。纠缠十分激烈，一个在里面使劲儿拉，另一个在外面用力扯。双方进进退退、胜负难分。最终，雌蝎猛一使劲，反而将雄蝎给拉出洞。

名师指津

这段动作描写非常准确而又形象地记录了两只朗格多克蝎角力的全过程。

它俩并没有因此而分开，又来到室外散起步来。足足一个小时，它俩绕着玻璃笼墙根转来转去，最后又回到了刚才那片瓦前。穴道本就是开着的，雄蝎先钻进去，然后像疯了一样使劲拉拽雌蝎。雌蝎还是在洞外奋力地抵抗。它挺直了足爪，踩紧地面，将尾巴拱起，顶紧屋门，怎么都不肯进入室内。我认为这样的反抗不会让人扫兴，反而会更有吸引力。倘若没有反抗作为前奏曲，那交尾又会有什么吸引力呢?

瓦片内的雄蝎用尽浑身解数引诱劝导，最终，雌蝎顺从地进入洞内。此时，已经是夜里十点钟了，我就是熬上一夜，也一定要看完此剧；我会在适当的时候揭开瓦片，看看下面发生了什么。这种时机不能错过，现在赶上了，更不能怠慢！我不知道我会看见什么。

最终毫无收获。还不到半个小时，两只蝎子又开始拉锯战了。最终，雌蝎反抗胜利，摆脱了雄蝎的束缚，从洞里爬出来后就逃之夭夭了。雄蝎从瓦片下追了出来，在门口左顾右盼，但不见佳人倩影，于是灰溜溜地回到瓦片下了。它被骗了，我也同样受了蒙蔽。

咬文嚼字

逃之夭（yāo）夭:《诗经·周南·桃夭》有“桃之夭夭”一句，“桃”“逃”，借来说逃跑，是诙谐的说法。

六月份刚到，我因害怕光线太强会惊扰蝎子，先前总是把提灯挂在远离玻璃笼子的外头。但因为光线不足，我看不清楚散步中的蝎子们是否是你情我愿的具体细节。它们的钳指是否相互咬合着？会不会一个主动一个被动呢?如果是，主动的又会是谁呢？这一点十分重要，我想弄明白。于是，我便把提灯放在了笼子中间，笼子被照得亮亮堂堂。而蝎子们似乎不怕亮光，反而非常喜悦。它们围着提灯爬来爬去。有的甚至为了挨光源更近一些，还企图爬上提灯，它们借助玻璃灯罩竟然真爬上去了。尽管它们不断地滑落，最终它们抓住铁片的边缘，凭借坚韧不拔的毅力爬到了顶上。它们停在上面一动不动，肚子部分贴紧玻璃罩，部分贴紧金属框架，整个夜晚它们都没看够，为这灯的灿烂而叹服。它们使我回想起以前的大孔雀蝶在灯罩上扬扬自得的情形。

在明亮的灯光下，一对情侣正在紧张地拿大顶。它们优雅抚摸了一下，就向前走去。只有雄蝎是主动的，它用每把钳子的双指夹紧雌蝎与之相对应的双指。现在是它的掌控时期，它想要夹紧就可夹紧，想要松开就可松开。雌蝎则不能这样，它是俘虏，勾引者已经给它带上了拇指铐。

在某些较罕见的场景中，我们还可以更清楚地观察。我无意间看见一只雄蝎抓住伊人的两只爪使劲往前拉；我还见过雄蝎使劲拉扯被自己抓住尾巴和一只后爪的雌蝎。等雌蝎拼命地摆脱雄蝎伸出的爪子时，却被雄蝎用尽全力地推翻在地，雌蝎瞬间就被雄蝎掌控了。一切都很明显。这完全是诱拐，是暴力绑架。

但是，一想到惯例，婚礼之后，雄蝎将被雌蝎吃掉，对眼前的情景又不无惊讶！世界是多么奇怪啊！

拓展阅读

本章节中，作者重点介绍了朗格多克蝎求偶、交配的过程。那揪心、血腥的交配在作者的笔下变得浪漫而温馨；通过作者准确而又生动的描述，我们可以看到，它们像人类一样，充满了浪漫的色彩。生物界本就是这么丰富多彩的，尽管雄蝎会变成雌蝎的美食，但这也是自然造物的魅力所在，也是物种得以延续的前提。

拟人：是童话中常用的一种修辞方式，是将事物人格化，把本来不具备人的一些动作和感情的事物变成和人一样。在文中作者就将蝎子间的求偶过程说成是拥抱、亲吻，还说到它们手牵手进行悠闲的散步，这样的描述使文章读起来更有趣味性。

比喻：是一种常用的修辞手法，用跟甲事物有相似之点的乙事物来描写或说明甲事物。用比喻来对某事物的特征进行描绘和

渲染，可使事物生动形象、具体可感，以此引发读者联想和想象，给人以鲜明深刻的印象。

好词

斩钉截铁　趣味横生　庄重严谨　所作所为　相差无几　纹丝不动

好句

·是不是大好时节开始了，本性好游的蝎子们有意闯入邻居家里，由于体力不如对方而被对方视为美食，命赴黄泉？也许是这个理由吧，因为闯入者被缓缓地吃了整整一天。

·雄蝎始终没撒开雌蝎的手，亲密地转个半圆，就与雌蝎肩并肩了。此时，雄蝎张开尾巴微微抚摸雌蝎一会儿，雌蝎则不动声色。

·这种动作就像我们的亲吻和拥抱。但是，我不能这样说，因为它们没有头、脸、嘴、面颊。它们的前端像是被剪刀一刀剪去了一样，甚至都没有鼻子尖。本应该是长着脸的地方，却长了一些难看的下颌壁。

昆虫之最

最大的蛾——皇蛾

皇蛾一般生活在东南亚地区，它的翼面有四百平方厘米之广，翼展可达三十厘米。皇蛾的翼面图案形似地图；前翅末端部分像蛇的头部，以此来威慑捕食者。成虫没有口器，仅靠幼虫时代残存在体内的脂肪生存，生命大概只有一到两周。

最重的昆虫——巨大犀金龟

巨大犀金龟生活在热带美洲。这种犀金龟的重量竟有约

一百克，相当于两个鸡蛋的重量。从头部突起到腹部末端长达一百五十五毫米，身体宽达一百毫米，比一只最大的鹅蛋还大。

最轻的昆虫——柄翅卵蜂

柄翅卵蜂一般在热带美洲可见，体长仅0.21毫米，重量只有0.005毫克。折算一下，二十万只才一克，一千万只才有一个鸡蛋那么重。

最大的昆虫——维塔

维塔属蟋蟀类，见于新西兰岛上的树上或石缝间，身上长有多只脚和许多刺。这种昆虫在近两亿年的时间里几乎没有一点进化，其形体特点一直保持到当今，属于整个新西兰最早的生命体。同时，它也是整个自然界最大的昆虫；已知世界最大的维塔重达七十八克，比苍蝇大约一百五十倍，是一般蝗虫的五十倍；其凶猛的程度不但足以吓跑老鼠，而且还会咬人，许多新西兰人在少儿时代都有过挨咬的痛苦经历。

由于生态环境的破坏、新的天敌的出现，这种特大昆虫的分布如今已缩小到新西兰主岛的少数地区和个别小岛上。新西兰政府为保护这种昆虫，已建立了多个维塔保护区，以免该国独有的这种昆虫灭绝。

最长的昆虫——尖刺足刺竹节虫

尖刺足刺竹节虫分布在新加坡、马来西亚。竹节虫目这个词来自于希腊语，意为“幽灵”，形象地说明了此类昆虫有将自己拟态成周围枝条或树叶的能力。尖刺足刺竹节虫可达两英尺（约六十一厘米）的身长使它成为昆虫王国中的最长者。许多种类的雌性竹节虫独居，无性繁殖。竹节虫为素食昆虫，但是在蜕皮期间，它们也会吃掉自己蜕掉的皮。当它们意识到危险的时候，它们通常会掉到地上装死，或者长时间地摇摆不定。

昆虫飞行冠军——澳大利亚蜻蜓

澳大利亚蜻蜓，分布在南美洲，身长十二厘米，是世界上最大的蜻蜓。不仅如此，它还是世界上飞得最快的昆虫，有“昆虫飞行冠军”之称。在昆虫界，纵然不乏像鹿马蝇、天蛾、马蝇等这样的飞行高手，它们持续飞行的最高速度可达每小时三十九公里，但是它们若与澳大利亚蜻蜓相比，就不只相差几万里了；澳大利亚蜻蜓短距离的冲刺速度可达每小时五十八公里。

昆虫的民间俗称

臭大姐

学名椿象。会飞，大约指甲盖大小，浑身黑灰，只翅膀下有点粉红色。不知何以称为大姐，其实一点也不好看，而且有无比的臭味，粘到手上半天也洗不掉。这招防身本领，足以让不怀好意的侵犯者退避三舍。

吊死鬼

学名槐蚕。过去北京四合院宅门前大多一边种一棵槐树。夏天，槐花香透一条胡同，但是爱长虫子，就是吊死鬼。它用一根长丝吊在半空中，大人讨厌它，往往经过树荫下觉得脖子一凉，用手一摸软软的是一条虫子，吓一跳。小孩喜欢它，托在手上凉凉的，它会一屈一伸一拱一拱地向前爬行。如今，看到世界名牌钟表“欧米加”弯曲的标志时，就会让人马上想到那条绿色的小虫子。

洋拉子

也叫刺蛾。北京的枣树很多，枣虽好吃，洋拉子很可怕。它有伪装术，浅绿色的和半个青枣差不多，软软的又像马鳖；浑身有细绒毛，一旦粘到手上身上，又红又肿奇痒无比，须用一块面团，最好是嚼过的口香糖，把看不见的细毛毛粘出来才好些。

磕头虫

体长约一厘米半，黑色，头尖尖的很硬。拿着它放在指甲盖上，它就会把头磕向指甲盖啪啪作响。小小的东西，脖子竟有那么大劲。小昆虫们大都有一种装死的本领，遇到危险时便装死躺下，甚至仰面朝天，一动不动和真的一样。待一会儿自觉风险已过，翻过身来撒腿就跑，不料小小东西也有如此心计。

土鳖

许多虫子分不出公母，土鳖却很明显：公的个小，有翅膀，母的甚至像银元那么大，没翅膀，一个圆形的盖子扣住全身，

造型很简练。把它翻过来，它会用爪儿使劲顶地，努力让自己正位，那样子笨拙但执着。听大人说土鳖可以入药，而且是母的，真不敢想象那是什么味？怎么喝？！

屎壳郎

学名蜣螂。“屎壳郎碰上拉稀的——白来一趟”，词虽不雅，但把它们的生活状况说得生动有趣，所以孩子们没有捉屎壳郎玩的。如果赶上它们正在专心致志地工作，那是很好看的，你会欣赏到它们的聪明才智，以及协作与敬业精神。

马蜂

形容健壮的小伙子细腰窄背叫“马蜂腰”，马蜂腰实在太细了，像用一根小棍连接着上下身。孩子们很怕它，越怕它越喜欢捅马蜂窝，找刺激，此刻才想到，外出回来的马蜂们不见了自己的家和马蜂儿子该多么难过！

天牛

一种个头较大会飞的硬壳虫子，浑身黑亮黑亮的，最好看的是那两只细长而向外弯曲的犄角，黑白色相间，非常独特。它很有劲，所以叫天牛吧，套上一根线绳可以拉动玩具小木车，“天牛拉大车”成了孩子们有名的游戏。

蚂蚱

即蝗虫，它们若成了灾很可怕，城里的孩子没见过。蚂蚱的腿很好看，大腿粗壮像一个倒挂琵琶，小腿极细，弹跳力特强。在田径场上，你看跑跳运动员的大腿就是这个样子。

刀螂

即螳螂，你若发现草丛中的刀螂，它往往是站起来举着带刺齿的双臂，前后微晃着向你示威，那是螳螂拳标准的架势。

必考点自测

一、填空题

1.《昆虫记》的作者______是______国作家，被世人称为昆虫界的______，昆虫界的____________。**（2013年北京市中考模拟卷）**

2. 在________（作者）的笔下，杨柳天牛像个吝啬鬼，身穿一件似乎“缺了布料”的短身燕尾礼服，而被毒蜘蛛咬伤的小麻雀，也会“愉快地进食，如果我们喂食动作慢了，它甚至会像婴儿般哭闹”。他的《______________》被鲁迅奉为“讲昆虫生活”的楷模。**（2012年黑龙江省鸡西市中考）**

3. 大孔雀蝶是通过______来传递信息的。第一次被剪断触须的大孔雀蝶有______只返回来了。

4. 请列举《昆虫记》中作者所观察的昆虫，不少于5种：____________________________。

5. 蝉的幼虫从土里钻出来需要挖__________的土。

6. 圣甲虫在取食食物的时候是把食物弄成________形状。储藏卵的粪球是__________形状的。

7. 请阅读下面的名著选段，回答问题。（**2013 乐山市中考试**）

“有这样一只不知危险无所畏惧的灰颜色的蝗虫，朝着那只螳螂迎面跑了过来。螳螂把它的翅膀极度张开，它的翅竖了起来，并且直立得好像帆船一样。翅膀竖在它的后背上，螳螂将身体的上端弯曲起来，样子很像一根弯曲着手柄的拐杖，并且不时地上下起落着。”

①这段文字出自法国昆虫学家法布尔的《__________》中，我们在初中阶段还学过他的一篇文章《__________》。

②本选段细致入微地刻画了螳螂__________时的动作，生动地表现了螳螂__________的特点。

二、选择题

1. 下列关于名著内容的表述，不正确的一项是（　）。（**2013 年山东省潍坊市中考**）

A.《昆虫记》中的蝉要在地下潜伏四年，才能钻出地面，在阳光下歌唱五个星期；蜜蜂因为惦念着小宝贝和丰富的蜂蜜，可以凭借一种不可解释的本能飞回巢中，而这种本能正是我们人类所缺少的。

B.《童年》的主人公阿廖沙三岁时因丧父而寄居到外祖父家，

过着悲凉凄苦的生活。每次阿廖沙挨打时，小伙子茨冈总把胳膊伸出去帮他挡着。阿廖沙非常爱他，但遗憾的是，茨冈不幸被十字架压死了。

C.《家》中的觉新是高公馆的长孙，为尽长房长孙的责任，被剥夺了学业与爱情。觉慧是高家年青一代中最激进、最富有斗争精神的人。他积极参加学生运动、公开支持觉民抗婚，大胆地和丫头鸣凤恋爱，最后走上彻底叛逆的道路。

D.《鲁滨孙漂流记》记叙了鲁滨孙为实现遨游世界的梦想，出海航行，历尽艰险的故事。他在“风暴中偏航”又于“麦田里获救”，“流落荒岛”后自己“制造粮食和面粉”，是个喜欢冒险、渴望自由、刚毅勇敢的航海家。

2. 下列对文学作品的理解与概括，正确的一项是（　）。（2011来宾中考语文）

A.《爱的教育》是意大利作家德·亚米契斯创作的日记体小说，记录了阿廖沙的所见所闻，字里行间洋溢着对祖国、父母、师长、朋友的真挚的爱。

B.《三国演义》是我国第一部长篇章回体小说，是元末明初小说家罗贯中的代表作，其作品主题带有明显的“尊曹抑刘”的倾向。

C.《繁星》、《春水》的作者是中国现代女作家冰心，她在作品中把爱情视为最崇高最美好的东西，反复加以歌颂。

D. 法布尔的《昆虫记》是优秀的科普著作，也是公认的文学经典，除了真实地记录昆虫的生活，还透过昆虫世界折射出社会人生。

3. 下列有关名著的说明，不正确的一项是（　）。**（2012 年成都市中考）**

A.《傅雷家书》是我国文学艺术翻译家傅雷及夫人 1954—1966 年间写给孩子傅聪、傅敏的家信摘编，该书是一本优秀的青年思想修养读物，是素质教育的经典范本，是充满着父爱的教子名篇。

B.《钢铁是怎样炼成的》是苏联作家尼古拉·奥斯特洛夫斯基所著的一部长篇小说，于 1933 年写成。小说通过保尔。柯察金的成长道路，告诉人们，一个人只有在革命的艰难困苦中战胜敌人也战胜自己，只有在把自己的追求和祖国、人民的利益联系在一起的时候，才会创造出奇迹，才会成长为钢铁战士。革命者在斗争中百炼成钢，是小说的一个重要主题。

C.《名人传》，又称《巨人三传》，是 19 世纪末 20 世纪初法国著名批判现实主义作家罗曼·罗兰创作的传记作品，它包括《梵高传》、《米开朗琪罗传》、《托尔斯泰传》三部传记。

D.《昆虫记》也叫做《昆虫物语》、《昆虫学札记》和《昆

虫世界》，是法国杰出昆虫学家法布尔的传世佳作，亦是一部不朽的著作。它不仅是一部文学巨著，也是一部科学百科。

三、判断题

1. 朗格多克蝎是卵生的。（　）

2. 一种不知名的小飞虫到了隧蜂洞中是为了照顾隧蜂的宝宝，同时使自己能得到隧蜂的食物，好像植物之间的共生现象。（　）

3. 绿蚱蜢是一种凶残的捕食者，它跟螳螂一样，只吃自己捉住的活食，它也是素食主义者，但是即便如此，它们也会同性相残。（　）

4. 朗格多克蝎交配后，雄蝎就会成为雌蝎的美餐。（　）

5. 西班牙蜣螂的大粪球只有产卵这一种功能。（　）

四、简答题

1. 你从《昆虫记》中看到了作者的哪些精神和优秀品质？

2. 简单介绍一下《昆虫记》最吸引你的艺术特色。

一、填空题

1. 法布尔　法　荷马　维吉尔

2. 法布尔《昆虫记》

3. 气味

4. 蝉 蚂蚁 螳螂 圣甲虫 朗格多克蝎

5. 200 立方厘米

6. 球形、梨形

7. ①《昆虫记》　《绿色蝈蝈》

②准备捕食蝗虫时　机警从容

二、选择题

1. D　2. D　3. C

三、判断题

1. √。

2. ×，小飞虫并不是进去照顾隧蜂的宝宝，它的最终目的是产卵，它们不是共生关系。

3. √。

4. √。

5. ×，还有食用的功能。

四、简答题

1. 他凭着勇于探索的精神，因对知识和真理的渴求，日日夜夜地钻研昆虫，这种辛勤努力地工作、求实探索的精神，非常值得我们学习。

2. 在本书中，作者将专业知识与人生感悟融于一炉，娓娓道来。字里行间洋溢着作者本人对生命的尊重与热爱——昆虫的生命也应当得到尊重。文章充满了对万物的赞美之情。《昆虫记》不仅是一部研究昆虫的科学巨著，也是一部讴歌生命的宏伟诗篇，它蕴含着追求真理、探求真相的求真精神。